KIRSTEN WOLF

DIE BESTEN HUNDESPIELE

für drinnen und draußen

QUALITÄTS G|U GARANTIE

DIE GU-QUALITÄTSGARANTIE

Wir möchten Ihnen mit den Informationen und Anregungen in diesem Buch das Leben erleichtern und Sie inspirieren, Neues auszuprobieren. Bei jedem unserer Produkte achten wir auf Aktualität und stellen höchste Ansprüche an Inhalt, Optik und Ausstattung.
Alle Informationen werden von unseren Autoren und unserer Fachredaktion sorgfältig ausgewählt und mehrfach geprüft. Deshalb bieten wir Ihnen eine 100%ige Qualitätsgarantie.

Darauf können Sie sich verlassen:
Wir legen Wert auf artgerechte Tierhaltung und stellen das Wohl des Tieres an erste Stelle. Wir garantieren, dass:
- alle Anleitungen und Tipps von Experten in der Praxis geprüft und
- durch klar verständliche Texte und Illustrationen einfach umsetzbar sind.

Wir möchten für Sie immer besser werden:
Sollten wir mit diesem Buch Ihre Erwartungen nicht erfüllen, lassen Sie es uns bitte wissen! Nehmen Sie einfach Kontakt zu unserem Leserservice auf. Sie erhalten von uns kostenlos einen Ratgeber zum gleichen oder ähnlichen Thema. Die Kontaktdaten unseres Leserservice finden Sie am Ende dieses Buches.

GRÄFE UND UNZER VERLAG. *Der erste Ratgeberverlag – seit 1722.*

1 Beschäftigung – warum sie so wichtig ist

2 Spielspaß für drinnen und draußen

3 Gesund und glücklich

4 Alle Spiele auf einen Blick

BESCHÄFTIGUNG – WARUM SIE SO WICHTIG IST

Hunde sind intelligent. Sie wollen gefördert und gefordert werden. Doch jeder Vierbeiner hat unterschiedliche Interessen und Fähigkeiten. Finden Sie gemeinsam mit Ihrem Hund heraus, welche Beschäftigungsidee Ihnen beiden gleichermaßen Spaß macht.

Auf die **richtige Beschäftigung** kommt es an

Wir Menschen sind die besten Freunde der Hunde. Diese Aussage wird Sie als Hundehalterin oder -halter nicht besonders überraschen – erleben Sie es doch täglich. Das größte Vergnügen bereiten Sie Ihrem Vierbeiner, wenn Sie Zeit für ihn haben. Und diese Tatsache ist in der Verhaltensbiologie einzigartig: Es gibt wohl keine weitere Tierart, die den Menschen als Sozialpartner den eigenen Artgenossen vorzieht. Das heißt nun keinesfalls, dass Hunde keine Artgenossen brauchen – im Gegenteil: Der regelmäßige Kontakt zueinander, das Spielen miteinander sind wichtig für eine ungestörte Entwicklung und die Fähigkeit, sich im Umgang mit anderen Hunden richtig zu verhalten. Doch ohne den Partner Mensch, der sich wohlmeinend um den Hund kümmert, gelingt die soziale Entwicklung eben auch nicht.

Der Vierbeiner braucht uns Zweibeiner. Nicht nur in puncto Ernährung und Gesundheit ist er auf uns angewiesen. Vor allem sein Seelenfrieden, seine Ausgeglichenheit und Umgänglichkeit hängen davon ab, ob wir, also »seine« Menschen, uns mit ihm auseinandersetzen, ihn beschäftigen und ihn zu einem partnerschaftlichen Begleiter in der gemeinsamen Welt erziehen.

Vom Arbeitskumpel zum Sozial- und Freizeitpartner

Die Herkunft und die Geschichte des Haushundes belegen, welche Entwicklung sein Stellenwert im Laufe der Jahrtausende für die Menschen genommen hat. Vom Rudeltier Wolf wurde er zum verlässlichen Arbeitsgehilfen des Menschen: Er begleitete ihn auf die Jagd, stöberte Wild auf und apportierte es – immer in enger Zusammenarbeit mit dem Menschen. Seine meisterliche Fähigkeit zur Kommunikation machte ihn zum Assistenten bei vielen weiteren Tätigkeiten.

Der Hund hütete und beschützte das Vieh, er bewachte Haus und Hof, er zog Schlitten und Milchwagen – und er wurde zum unentbehrlichen Kumpel, mit dem man nicht nur den arbeitsreichen Alltag, sondern Freud und Leid teilen konnte. Freund ist er uns geblieben. Doch seit dem Wandel

Kleiner Kerl, großer Spaß: Das Ballspiel lieben viele Vierbeiner über alles. Deshalb eignet es sich ideal als »Belohnung« nach einer Konzentrationsübung.

Spielerisch lernen: An der selbst gebauten Stange mit Flatterstreifen probiert der Junghund seinen Mut aus.

der Gesellschaft vom Agrar- über das Industrie- hin zum Informationszeitalter hat der Hund keine wirkliche Aufgabe mehr. Er ist sozusagen arbeitslos geworden. Das gilt zumindest für »moderne« Gesellschaften, die den Wandel bereits vollzogen haben und dem Haustier heute einen anderen Stellenwert einräumen.

Der »moderne« Hund ist nicht mehr Arbeitskumpel, sondern vor allem Sozial- und Freizeitpartner. Er lebt wie ein Familienmitglied mit uns in einer Gemeinschaft.

Was Hund und Mensch Spaß macht

Für echte Hundefreunde ist die »Arbeitslosigkeit« ihres Vierbeiners durchaus eine Herausforderung. Denn in unserem hektischen Alltag kann es schon mal passieren, dass wir das Bedürfnis unseres Vierbeiners nach Beschäftigung unterschätzen.

Dabei ist es gar nicht so schwierig, »tierische Langeweile« zu vertreiben. Seine Intelligenz und seine Bezogenheit auf den Menschen machen es möglich, den Hund in viele Lebensbereiche aktiv einzubeziehen. Ob beim täglichen Spaziergang oder daheim in den eigenen vier Wänden, ob in der Freizeit, im Urlaub oder sogar im Büro.

Es gibt unzählige Beschäftigungsmöglichkeiten, die nicht nur Ihrem Hund, sondern auch Ihnen bestimmt richtig viel Spaß machen. Eine ganze Reihe davon stellen wir Ihnen in diesem Buch vor.

PRAXIS-TIPP

Schlechte Laune ist tabu

Hunde spüren, in welcher Stimmung wir gerade sind. Unsere Verärgerung darüber, dass ein Spielschritt nicht so klappt wie gewünscht, kommt direkt bei ihnen an – als »kalte Dusche« gewissermaßen, obwohl sie uns doch ihr Vertrauen entgegengebracht haben und sich motivieren ließen. Beim Spiel soll es jedoch vor allem um Spaß und Freude gehen und nicht ums reibungslose Funktionieren. Schrauben Sie die Anforderungen so weit herunter, bis der Hund Ihnen wieder folgen kann, und vergessen Sie nie ein ehrlich gemeintes Lob, wenn ihm etwas gelungen ist.

Da gibt es jede Menge Spielübungen, die Sie leicht in den Alltag einbauen können – von einer einfachen Leckerli-Suche wie beispielsweise der »Handtuch-Rolle« (→ Seite 22/23) über lustige Kunststücke etwa »Durch den Reifen springen« (→ Seite 56/57) bis hin zu kniffligen Denkaufgaben wie zum Beispiel »Das Becher-Spiel« (→ Seite 83).

Jeder Hund ein Charakterkopf

Wer einen Hund einer bestimmen Rasse hat, weiß in der Regel, was seinem Vierbeiner in die Wiege – sprich, in die Gene – gelegt wurde. Besitzer von Mischlingshunden versuchen herauszufinden, welche Rassen wohl an ihrem gelungenen Mix beteiligt waren – um daraus auf eventuelle Neigungen und Vorlieben zu schließen. Das ist ein guter Weg, den eigenen Hund besser einschätzen zu können und ihm entsprechende Beschäftigung zu bieten. Und doch: Jeder Hund, ob Rasse- oder Mischlingstyp, ist einzigartig. Unsere Vierbeiner haben einen individuellen Charakter, der wesentlich mit darüber bestimmt, was Ihr Hund mag und was er nicht so gern mag, was ihm auf Anhieb gelingt und wofür er ein bisschen länger braucht. Hinzu kommt seine Kindheit: Was er als Welpe und Junghund in den ersten Wochen und Monaten seines Lebens erfahren und gelernt bzw. nicht gelernt hat, prägt sein Verhalten womöglich stärker noch als alles andere. Deshalb gilt für alle Hundebesitzer, ob sie ihren Hund von klein auf bei sich haben oder erst später seine »Hundeeltern« wurden: Beobachten Sie Ihren Vierbeiner genau.

Die passende Beschäftigung für jeden Hunde-Individualisten

Versuchen Sie, die Reaktionen Ihres vierbeinigen Lieblings zu verstehen. Lernen Sie, wie er Frust, wie er Freude äußert, wann er überfordert zu sein scheint und was ihm besonders leicht- oder besonders schwerfällt. Dann können Sie aus der Vielzahl von Beschäftigungsmöglichkeiten genau das Richtige für ihn heraussuchen. Vergessen Sie vor lauter Einfühlungsvermögen in Ihren Hund aber nicht, auch Ihre eigenen Interessen in die Auswahl einzubeziehen. Denn nur, wenn eine Beschäftigungsart beiden – Hund und Halter – so richtig Spaß macht, wird eine runde Sache draus. Nehmen Sie sich die Zeit, in Ruhe auszuprobieren: Passen Sprünge nicht hundertprozentig, dann haben Sie beide vielleicht an der Fährtenarbeit mehr Spaß – oder Sie lassen sich von kleinen Kunststücken inspirieren und finden hier genau das Richtige für Ihr »Talent auf sechs Beinen«.

Auch viele Hundeschulen und Vereine bieten heute eine so breite Palette an Beschäftigungsmöglichkeiten an, dass Sie dort fündig werden können – und mit professioneller Anleitung zum souveränen »Coach« für Ihren Vierbeiner werden.

Um Ihnen die Auswahl bei den Spielen und die Entscheidung, was gerade in Ihren Zeit- und Trainingsplan passt, zu erleichtern, haben wir die Spiele in fünf verschiedene Kategorien eingeteilt.

Futterspiele – einfach und lecker

Futterspiele »schmecken« den meisten Hunden richtig gut, denn ein Leckerli zwischendurch ist immer eine feine Sache.

Bei diesen Spielen können sich unsere Vierbeiner mit etwas Aufmerksamkeit und Geschick einen Teil ihrer täglichen Futterration »verdienen« – und lernen zugleich, dass es sich so richtig lohnt, mit voller Konzentration bei Ihnen zu sein. Außerdem sind diese Spiele meist so einfach aufgebaut, noch dazu mit Dingen, die man eigentlich immer im Haushalt hat, dass sie sich schnell mal zwischendurch einschieben lassen und so für mehr Abwechslung im gemeinsamen Alltag sorgen. Sie eignen sich zudem oft schon für Welpen und überfordern auch die Senioren unter den Vierbeinern in der Regel nicht (→ ab Seite 18).

»Mach mal Pause!«: Jeder Spaziergang mit Hund wird spannender für Zwei- und Vierbeiner, wenn ein paar fröhliche, aktive Spielpausen eingelegt werden.

PRAXIS-TIPP

Vokabelheft anlegen

»Bleib«, »Stopp«, »Halt« – ja was denn nun?! Für Ihren Vierbeiner ist es wichtig, dass er eindeutige Signale erhält. Das gilt gleichermaßen für Wort- und Körper-Signale, über die Sie sich mit ihm verständigen. Legen Sie sich am besten ein kleines Vokabelheft an, in das Sie alle Signale eintragen (und ihre jeweilige Ausführung), die Ihr Hund von Ihnen bzw. von Familienmitgliedern gelernt hat. Das hat außerdem den Vorteil, dass jeder nachschlagen kann, was der Hund alles beherrscht und wie man es richtig abruft. Sie werden staunen, was da alles an »Vokabeln« zusammenkommt!

Such- und Bringspiele für Spürnasen

Diese Spiele entwickeln ganz schnell einen »Suchtcharakter«: Viele Hunde lieben es, ihre hervorragende Nasenleistung unter Beweis stellen zu dürfen und damit auch noch Herrchen und Frauchen so richtig zu begeistern. Es ist ein tolles Erlebnis, den eigenen Hund dabei zu beobachten, wie er plötzlich eine Fährte aufnimmt (extra für ihn gelegt), oder wie er der Spur einer ihm fremden Person folgt. Einige dieser Spiele brauchen etwas mehr Zeit und Geduld, bis der Hund jeden Schritt verstanden hat und ihn umsetzen kann. Natürlich bietet Ihnen dieser Ratgeber Such- und Bringspiele, die drinnen oder draußen für einen kurzweiligen Spielspaß sorgen: Eine kleine »Schatzsuche« zum Beispiel oder das »Dufttuch« finden(→ ab Seite 28).

Bewegungsspiele sorgen für Kondition

Diese Spiele sorgen nicht nur für eine gute Kondition, sondern auch für einen abwechslungsreichen Spaziergang. Außerdem erfüllen sie ein Grundbe-

dürfnis unserer Hunde, die nun einmal ursprünglich Lauftiere sind. Dabei geht es nicht einfach nur um Tempo oder Ausdauer, sondern auch um die Fähigkeit, genau auf die jeweilige Spielaufgabe zu achten und sie präzise auszuführen. Wer sich unterwegs immer wieder mal ein Spielchen einfallen lässt, bleibt außerdem spannend für seinen Hund und bringt so auch eher »weitschweifende« Vierbeiner leichter dazu, ihre Aufmerksamkeit wieder auf Herrchen oder Frauchen zu lenken (→ ab Seite 46).

Kunstsücke für vierbeinige Showtalente

Kleine Kunststücke mit Ihrem Vierbeiner einzuüben sind eine gute Gelegenheit, besonders anschaulich zu zeigen, wie gut die Teamarbeit zwischen Ihnen beiden klappt. Denn Sie trainieren ohne Druck und ohne Drill erstaunliche Fertigkeiten miteinander, die nur funktionieren, wenn Ihr Hund, aber auch Sie selbst ganz bei der Sache sind. Viele der Kunststücke lassen sich – wenn sie gründlich einstudiert wurden – gut in den Alltag einbauen und sorgen so für willkommene Abwechslung, sei es nun zu Hause, während des Spaziergangs oder bei einer Trainingseinheit auf der Wiese im Garten oder Park (→ ab Seite 60).

Denkspiele halten fit im Kopf

Diese Spiele bringen vor allem die grauen Zellen unserer Vierbeiner richtig auf Trab: Hier geht es ums Kombinieren. Hunde haben eine hohe Intelligenz, was beispielsweise ihre Merkfähigkeit zeigt, und sie können Ursache und Wirkung erkennen. Probieren Sie doch einfach mal aus, wie schnell Ihr Hund begreift.
Aber nicht vergessen: Denken strengt an, das gilt für Mensch und Tier gleichermaßen. Deshalb auch diese vermeintlich »ruhigen« Spiele immer nur in Maßen auf den Spielplan setzen und anschließend für Entspannung sorgen – zum Beispiel mit einem Spaziergang oder mit einer kleinen Runde Toben (→ Praxis-Tipp, Seite 14).

Aufeinander eingehen

Das Tolle an den vielen Beschäftigungsmöglichkeiten ist: Miteinander zu spielen bedeutet auch, miteinander zu lernen. Ihnen gelingt es durch die intensive Beschäftigung mit dem Hund immer besser, seine Reaktionen richtig zu deuten und mit klaren Signalen und eindeutiger Körpersprache zu lenken (→ Praxis-Tipp, Seite 11). Ihr Hund trainiert dabei seine Konzentrationsfähigkeit und seine Ausdauer, aber auch seine Disziplin. Er wird zu

Eine runde Sache: Mit etwas Fantasie finden sich viele einfache Spielideen, die dem Hund Spaß machen – wie hier ein exaktes »Platz« im »Hula-Hoop-Reifen«.

Pure Lebensfreude: Hunde, die ihren Bewegungsdrang mit Spiel und Training austoben dürfen, sind glücklich.

einem stets aufmerksamen Begleiter, der immer neugierig darauf ist, was Sie sich als Nächstes für ihn ausgedacht haben.

Spielen ohne Stressfaktor

Ein »Bespielen« des Vierbeiners von morgens bis abends ist nicht Sinn der Sache. Jeder Hund braucht auch mal seine Ruhe, ebenso wie Herrchen und Frauchen. Mensch und Hund haben ein Recht darauf. Beschäftigungsstress soll also nicht aufkommen, wenn Sie sich vornehmen, die Zeit mit Ihrem Hund aktiv zu gestalten, im Gegenteil. Es geht darum, das Miteinander bewusst zu erleben, die tatsächlichen Bedürfnisse des Hundes wahrzunehmen, seine Fähigkeiten so zu lenken und zu schulen, dass er zufrieden ist – und auch er Sie mal in Ruhe lässt, wenn Sie gerade keine Zeit für ihn haben. Einen kleinen Trick, wie Sie das auch Spiel-Freaks klarmachen, finden Sie im Praxis-Tipp auf Seite 19. Passen Sie das Spielprogramm unbedingt dem Temperament, dem Alter und dem Charakter Ihres Hundes an, und natürlich Ihrem eigenen Lebensrhythmus. Ihr Hund muss nicht ständig der Mittelpunkt Ihres Lebens sein, sondern braucht

PRAXIS-TIPP

Niemals allein spielen lassen!

Wenn Sie Ihrem Hund beispielsweise beim Flaschendrehen (→ Seite 24/25) zuschauen, werden Sie erkennen, warum Sie beim Spielen immer dabei sein sollten: Je nach Räumlichkeit, in der gespielt wird, manövriert der Hund die Flasche schnell mal in einen Winkel oder unter eine Kommode und bekommt die Flasche selbst nicht wieder heraus. Auch die Beschäftigung mit einem Karton, in dem Leckerlis versteckt sind (→ Seite 19), kann – mit etwas Pech – zur Falle werden. Ganz gleich, womit Sie Ihren Hund beschäftigen: Lassen Sie ihn nicht allein mit seiner Aufgabe, sondern leisten Sie ihm immer Gesellschaft. So können Sie sofort eingreifen, wenn er mal in frustrierende oder gar gefährliche Situationen gerät.

eine ausgewogene Mischung aus unterschiedlichen Reizquellen und Ruhephasen.
Dazu gehören ausreichend Sozialkontakte mit anderen Hunden, Spaziergänge mit genügend Gelegenheit zum Austoben und Schnüffeln, Begegnungen mit anderen Menschen, und – wohldosiert – ein Beschäftigungsprogramm, das zu Ihrem und zum Temperament des Hundes passt.
Deshalb ist es auch so wichtig, die Anforderungen beim Training nicht zu übertreiben. Bauen Sie Spiele ohne Hektik und allmählich auf, und verschieben Sie einen neuen weiterführenden Schritt lieber auf einen nächsten Tag. Ohnehin gilt auch beim Spielen mit dem Hund: Aufhören, wenn's am schönsten ist. Klappt also etwas richtig gut, freuen Sie sich riesig mit Ihrem Hund und lassen es bei diesem kleinen Triumph bewenden – das festigt das Gelernte allemal besser als ein Ehrgeiz, der die Motivation und Lernfähigkeit Ihres Vierbeiners überstrapaziert. Nicht schnelle Erfolge sollten deshalb Ihr Ziel sein, sondern Spaß und Freude am Miteinander und eine feste Bindung zueinander, die aus Ihrem Vierbeiner einen umweltsicheren, sozialverträglichen und glücklichen Hund macht – kurzum: Ihren »Traumtyp auf vier Pfoten«.

Zwei, die zusammengehören: Das schönste Geschenk, das der Hund uns dank einfühlsamer Beschäftigung mit ihm machen kann, ist eine tiefe und vertrauensvolle Bindung

PRAXIS-TIPP

Entspannung pur: Toben und Kuscheln

Sich zu konzentrieren strengt an – das geht Mensch und Tier so. Da ist ein »freies Spiel«, wie zum Beispiel einfach mal gemeinsam an einem Tau zerren, miteinander auf dem Boden rangeln, einen Ball oder ein Spielzeug werfen, Erholung pur für beide. Vor allem wenn Sie das Gefühl haben, ein Spiel oder eine sportliche Aufgabe hat Ihrem Hund so richtig Kopfarbeit abverlangt, legen Sie eine Spielpause dieser Art ein. Allerdings auch hier immer darauf achten, dass der Hund Grenzen einhält, also nicht zu heftig wird, und Ball und Spielzeug nicht als »Beute« vor Ihnen versteckt, sondern wieder abgibt. Und wenn Ihr Hund ein Kuscheltyp ist, freuen Sie sich darüber und gönnen Sie ihm immer wieder mal ein paar zärtliche Minuten oder eine kleine Massage (→ Seite 107).

Test: **Vertraut Ihr Hund Ihnen?**

Die folgenden Fragen sollen Ihnen helfen, Ihre Beziehung zu Ihrem Hund auf dem »Bindungs-Barometer« richtig einzuordnen.

1. Wenn ich mit meinem Hund ohne Leine spazieren gehe ...

A ◯ ... ist er immer in meiner Nähe
B ◯ ... passiert es schon mal, dass er aus meinem Sichtfeld gerät
C ◯ ... geht er eher eigene Wege, auch weit entfernt von mir

2. Wenn ich meinen Hund mit Namen anspreche ...

A ◯ ... schaut er mich immer erwartungsvoll an
B ◯ ... erkenne ich an seiner Körperhaltung, dass er mich gehört hat, muss ihn aber oft ein zweites oder drittes Mal ansprechen, damit er mich anschaut
C ◯ ... reagiert er sehr oft gar nicht

3. Meinen Hund kann ich überall anfassen, er zeigt niemals eine Abwehrreaktion (Knurren, Zähnezeigen, Schnappen)

A ◯ stimmt immer
B ◯ stimmt fast immer
C ◯ stimmt eher nicht

4. Die Übungen, die mein Hund bereits sicher beherrscht, führt er ...

A ◯ ... immer bereitwillig aus
B ◯ ... öfter auch mal eher ungern aus (lässt sich »bitten«)
C ◯ ... nicht gern aus, so, als habe er keinen Spaß daran

5. Wenn mein Hund sich im Alltag vor etwas erschreckt oder Angst hat ...

A ◯ ... guckt er sofort mich an, nach dem Motto: »Was meinst du dazu?«
B ◯ ... kommt er nicht unbedingt zu mir
C ◯ ... kann es passieren, dass er davonläuft

AUSWERTUNG

Welche Antworten haben überwogen: A, B oder C?

Ⓐ **Klare Rollenverteilung:** Ihr Hund fühlt sich bei Ihnen sicher und gut verstanden, deshalb kooperiert er gern mit Ihnen. Er akzeptiert Sie als Team-Chefin oder Team-Chef und ist immer bemüht, Ihnen eine Freude zu machen. Das ist nicht selbstverständlich: Vergessen Sie nicht, ihn für sein motiviertes Mitmachen wirklich immer zu loben.

Ⓑ **Der »Ja, aber ... -Typ«:** Mal klappt es schon sehr gut, dann wieder scheint alles vergessen: Ihr Hund orientiert sich in der Regel an Ihnen, doch öfter mal entscheidet er ganz gern selbst – vielleicht, weil ihm klare Ansagen fehlen. Trauen Sie sich ruhig, freundlich, aber bestimmt den Ton anzugeben. Bei Spiel und Beschäftigung geht das besonders gut, weil Konsequenz und Spaß Hand in Hand gehen.

Ⓒ **Sag mir, wo es langgeht ...:** Ihr Hund ist vielleicht noch jung, oder Sie haben ihn noch nicht lange. Womöglich ist er aber auch nur ein besonders freiheitsliebender Typ (was durchaus rassebedingt sein kann). Das alles kann ein Grund sein, warum er seinen Part im Team noch nicht gefunden hat. Mit der richtigen Motivation und mit Spielerlebnissen, die Ihnen gemeinsame Erfolgserlebnisse bescheren, festigen Sie die Beziehung zu Ihrem Vierbeiner Schritt für Schritt. Und genau das wünscht er sich: ein konsequent-liebevolles Band zu Ihnen, das ihm genügend Freiraum, aber auch Halt und Orientierung gibt.

SPIELSPASS FÜR DRINNEN UND DRAUSSEN

Spielzeit ist angesagt! Ihr Vierbeiner spürt, dass Sie gleich nur für ihn da sein werden. Seine Freude ist grenzenlos, denn was gibt es Schöneres als mit Frauchen oder Herrchen gemeinsam zu spielen, ausgiebig gelobt zu werden und auch noch so ganz nebenbei leckere Häppchen zu »kassieren«.

Futterspiele – einfach und lecker

Diese Spiele »schmecken« den meisten Hunden richtig gut. Gefragt sind hierbei Geruchssinn, Geschicklichkeit, Köpfchen, aber auch Geduld, denn die Suche beginnt natürlich erst, wenn Sie das Startsignal dazu geben! Der Spielaufbau ist immer einfach: Sie brauchen Leckerlis und Utensilien wie Handtuch, Karton oder Plastikflasche – also alles Dinge, die es in jedem Haushalt gibt. Deshalb eignen sich Futterspiele ideal für ein paar fröhliche Minuten zwischendurch. Es ist keine lange Vorbereitungszeit nötig, und zwei, drei Durchgänge sind allemal genug. Unsere Leckerli-Spiele finden drinnen statt – aus gutem Grund: Sicher wollen Sie nicht, dass Ihr Hund beim nächsten Spaziergang alles, was ihm essbar erscheint, aufnimmt – und er so sein eigenes »Futterspiel« kreiert. Machen Sie es sich zur Regel, ihn draußen nur nach einem Futterbeutel suchen zu lassen oder ihn daraus zu belohnen (→ Seite 36). So können Sie Ihrem Hund konsequent beibringen, unterwegs nicht selbstständig auf »Leckerli-Suche« zu gehen …

Falls der Ehrgeiz Ihres Hundes mit normalen Leckerlis nur schwer zu »kitzeln« ist, greifen Sie auf Futterbelohnungen zurück, die Sie eher selten spendieren, wie ein Stück getrocknete Lunge oder Pansen, getrockneten Fisch oder etwas Käse. Und falls Ihr Vierbeiner zu den Leckerli-Ignoranten zählt, verstecken Sie einfach sein Lieblingsspielzeug.

Karton und Kissenberg

Was trainiert wird: Etwas Leckeres zwischendurch mögen eigentlich alle Hunde. Hier müssen sie es sich mit Geschicklichkeit und etwas Ausdauer erarbeiten – das lohnt sich!

Das brauchen Sie: Einige Leckerlis, einen mittelgroßen Pappkarton, Zeitungspapier, zwei bis drei Kissen.

Nehmen Sie einen leeren Pappkarton, der zu der Größe Ihres Hundes passt. Ihr Vierbeiner sollte bequem mit der Schnauze darin herumwühlen können. Entfernen Sie Klammern, Plastikreste oder Ähnliches. Zerknüllen Sie einige Seiten Zeitungspapier und verteilen Sie das Papier im Karton. Legen Sie einige Leckerlis dazu. Lassen Sie den Hund dabei zusehen. Es gibt Hunde, denen der Karton anfangs nicht ganz geheuer ist. Für sie sollten die Leckerlis zunächst nicht allzu tief versteckt sein. Später können Sie den Schwierigkeitsgrad erhöhen: Nur ein Leckerli (dafür ein etwas größeres) verstecken, die Zeitungsmenge erhöhen, die Futterbelohnung(en) tiefer versenken.

Erst »Sitz«, dann suchen

Bringen Sie Ihren Hund in die Sitz- oder Platz-Position und stellen Sie den Karton armlang von ihm entfernt auf den Boden. Ihren Welpen, der diese Grundübungen noch nicht beherrscht, lenken Sie zunächst etwas ab, damit er nicht selbstständig auf den Karton losstürmt. Dann geben Sie Ihrem Vierbeiner das Signal, zum Beispiel »Such!«. Nun darf der Hund nach Herzenslust in dem Pappkarton herumwühlen, um ein Leckerli nach dem anderen zu erobern. Je nach Temperament geht es eher ruhig und konzentriert oder wild und ungestüm zu. Es macht Spaß zu beobachten, welche Technik der Hund anwendet: Sucht er zielstrebig mit der

TIPP AUS DER PRAXIS

Sie bestimmen die Spielzeiten

Damit Ihr Hund weiß, wann Spielzeit angesagt und wann sie zu Ende ist, überlegen Sie sich jeweils ein Start- und ein Ende-Signal, das Sie konsequent anwenden. Das könnte ein »Lass uns spielen« zu Spielbeginn und ein »Vorbei« oder »Das war's« als Schluss-Signal sein. Lassen Sie sich nach einem Schluss-Signal niemals »überreden«, noch eine Spielrunde anzuhängen, nur, weil Ihr Hund so lieb schaut ... Sie sind der Spielmeister und sollen es bleiben!

Nase zwischen den Zeitungsknäueln oder wirft er den Karton einfach um? Gräbt er mit den Pfoten zwischen dem Papier? Springt er sogar in den Karton, um der leckeren Beute so nah wie möglich zu kommen? Erlaubt ist alles, was dem Finden dient. Eingreifen sollten Sie allerdings, wenn der Hund vor lauter Übermut anfängt, die Zeitung zu zerreißen. Das ist nicht der Sinn des Spieles. Brechen Sie in diesem Fall die Leckerli-Suche ab und versuchen Sie, Ihrem Vierbeiner später noch einmal die Spielregeln zu vermitteln (→ Experten-Tipp, Seite 29).

Leckeres im Kissenturm

Fangen Sie klein an: Anfangs darf Ihr Hund sich auf Ihr Signal hin ein Leckerli vom Kissen nehmen, das Sie dort für ihn hingelegt haben. Schnell hat der Vierbeiner begriffen, worum es bei diesem Spiel geht. Dann wächst der Kissenberg allmählich. Nun werden die Leckerlis zwischen zwei, drei oder gar vier Kissen versteckt, je nachdem, wie geschickt und mutig der Hund ist. Auch hier gilt: Was Angst macht, wird einfacher aufgebaut. Wenn drei Kissen beim Umstürzen für großen Schrecken sorgen, nehmen Sie zunächst nur zwei Kissen, damit sich der Hund allmählich an die Instabilität des Kissenturms gewöhnt. Natürlich gilt auch beim Kissenturm die Devise: Reinbeißen in die Kissen gilt nicht, sonst muss das Spiel abgebrochen werden. Lassen Sie Ihrem Hund Zeit beim Suchen und loben Sie ihn dabei. Er darf in aller Ruhe ausprobieren, wie er dem Turm am besten zu Leibe rückt. Zwei, drei Spielgänge genügen völlig. Geben Sie ein Schluss-Signal, um das Spiel zu beenden (→ Tipp aus der Praxis, Seite 19).

Hinweis: Nach dem Spiel Karton und Kissen wegräumen, damit der Hund nicht in Versuchung kommt, ohne Sie ein Spielchen zu wagen. Schließlich geht es hier um die gemeinsame Beschäftigung. Und nicht vergessen: Die Leckerli-Ration vom täglichen Futterbedarf abziehen …

1. Die Versuchung: Amy sitzt noch ein wenig misstrauisch vor dem Karton, doch der Inhalt ist sehr verlockend für sie. Die Hündin hat genau gesehen, wie Frauchen Leckerlis in der Kiste versteckt hat!

2. Langsam anpirschen: Also ran an die Kiste. Nachdem das Start-Signal »Such!« kam, erkundet die dreijährige Irish-Terrier-Hündin zunächst noch etwas vorsichtig die Lage.

3. Angst über Bord: Der Mut hat sich gelohnt. Tatsächlich entdeckt sie zwischen dem vielen Zeitungspapier kleine trockene Leckerlis, die sie sehr gern mag. Gar nicht so schlecht, dieses Spiel ...

4. Leckeres im Kissenturm: Zielsicher steckt Amy ihre Nase in den weichen Kissenturm, der auf jeder Etage eine Überraschung bereithält.

5. Turmhöhe verändern: Wenn der Hund beim Umstürzen der Kissen nicht mehr erschrickt, kann man in die Höhe gehen. Liegt nicht auf jeder Kissenetage eine Leckerei, wird's für die Supernasen schwieriger.

Die **Handtuch-Rolle**

Was trainiert wird: Geruchssinn, Geduld und natürlich Geschicklichkeit, denn vor dem Genuss muss zunächst die richtige Technik entwickelt werden.

Das brauchen Sie: Einige Leckerlis und ein ausrangiertes Handtuch.

Ein Handtuch kann ganz schön spannend sein – zumindest, wenn es so gut nach leckeren Häppchen riecht! Doch wie kommt man an das Gute heran? Ihr Vierbeiner wird schnell merken: Hier ist eine ganz besondere Technik gefragt.
Zunächst einmal heißt es abwarten, bis die Handtuch-Rolle zum Suchspiel freigegeben wird. Dann wird intensiv an der Rolle geschnuppert – mit eindeutigem Befund: Es steckt was drin!

Erst mal ganz einfach …

Damit Ihr Hund anfangs möglichst schnell ein Erfolgserlebnis hat, verstecken Sie das Leckerli zunächst nicht tief im Inneren der Rolle, sondern etwas weiter vorne. Nun kommen Schnauze oder Pfote zum Einsatz. Der Hund beginnt zu experimentieren, welche Technik hier wohl den ersehnten Erfolg verspricht. Lassen Sie ihn zunächst einmal in aller Ruhe ausprobieren. Loben Sie ihn zwischendurch ausgiebig, weil er so viel Geduld und Ausdauer zeigt. Später können Sie dazu übergehen, das Leckerli immer tiefer einzurollen, um den Schwierigkeitsgrad zu steigern, bis schließlich das gesamte Handtuch ausgebreitet sein muss, bevor der Hund an das begehrte Leckerli kommt.

Nicht schütteln, sondern rollen

Wenn Ihr kleiner Schlaumeier das Handtuch lediglich schüttelt oder mit der Schnauze zerwühlt, so dass das Leckerli herausfällt, brechen Sie das Spiel ab. Platzieren Sie den ersehnten Happen beim nächsten Mal so weit vorn in der Rolle, dass schon ein kleiner Schnauzenstupser genügt, um das Tuch so weit zu entrollen, bis das Leckerli erscheint. Wenn es gar nicht klappt, geben Sie Ihrem Vierbeiner ein wenig Hilfestellung.
Rollen Sie das Handtuch vor seinen Augen ein wenig auf, bis der Hund die »Rolltechnik« verstanden hat und sie übernimmt. Wenn das Leckerli gefunden ist, loben Sie den Finder tüchtig und nehmen das Handtuch hoch, damit der Hund nicht damit herumtobt.
Übrigens ist dieses Spiel auch für ältere Hunde besonders gut geeignet, weil sie mit einigen wenigen sanften Bewegungen schnell zu einem Erfolgserlebnis kommen und sich dabei nicht überanstrengen müssen.

1. Leckerli verstecken: Das Handtuch ist für die Spielzeit mit Amy reserviert. Anfangs wird das Leckerli ziemlich weit vorn in der Rolle versteckt, damit die Hündin schnell ein Erfolgserlebnis hat.

2. Erfolgreiche Suche: Weil sie die Handtuch-Rolle mit der Nase nur ein kleines Stück aufrollen muss, um die Belohnung zu finden, kommt Amy gar nicht darauf, das Handtuch zu schütteln. Das war gar nicht so schwierig ...

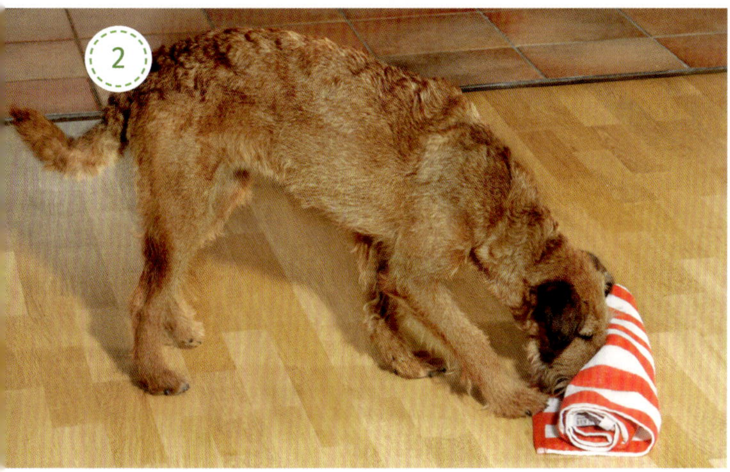

3. Technik verfeinern: Und weiter geht's. Die Hündin hat verstanden, was sie tun muss, um an das Leckerli zu kommen. Sie rollt das Handtuch selbstständig ein Stück weiter aus.

4. Schwierigkeitsgrad steigern: Amy verliert die Geduld auch nicht, als die Rolle den Futterhappen nicht so schnell hergibt. Die Hündin gibt so lange nicht auf, bis sich die »Nasenarbeit« endlich gelohnt hat.

Die **Futterflasche**

Was trainiert wird: Geruchssinn, Geschicklichkeit und Ausdauer.

Das brauchen Sie: Eine stabile Plastikflasche und eine Handvoll kleiner, trockener Leckerlis, die durch die Flaschenöffnung passen.

Bei diesem Spiel muss sich Ihr vierbeiniger Liebling sein Futter »verdienen«.

»Flaschendrehen«

Nehmen Sie einen Teil der Trockenfutterration Ihres Vierbeiners (oder die ganze, je nach Futterbedarf) und füllen Sie sie in eine mittelgroße, stabile Plastikflasche. Die Öffnung sollte nicht allzu groß sein, damit die Futterbrocken nicht gleich bei der kleinsten Drehung in großen Mengen herausfallen. Der Flaschenhals darf nicht scharf sein, sonst könnte sich der Hund daran verletzen. Starten Sie mit einem ruhig abwartenden Hund in Sitz- oder Platz-Position. Nun legen Sie die offene, gefüllte Flasche in die Mitte des Raumes und erlauben dem Hund den Spielbeginn. Der Hund wird neugierig auf die Flasche zugehen und erste Versuche unternehmen, an die Leckerlis heranzukommen. Ist er dabei zu zaghaft, zeigen Sie ihm, wie es funktioniert, indem Sie die Flasche ein wenig bewegen, bis etwas herausfällt. Wahrscheinlich wird der Hund nun erstaunlich viel Energie und Einfallsreichtum entwickeln, um selbst an die Leckerlis heranzukommen. Vielleicht nimmt er sie ins Maul und stellt dabei fest, dass – mit der Öffnung nach unten – etwas herausfällt. Oder er stößt sie kräftig an, mit Pfote oder Schnauze. Womöglich wird er versuchen, in die Flasche zu beißen, deshalb sollte sie sehr stabil sein. Es hängt von der Größe der Futterkügelchen ab, wie viel Mühe sich der Hund geben muss. Sie können die Anforderungen an Geschicklichkeit und Geduld also prima steigern, indem Sie bei einer nächsten Spielrunde etwas größere Brocken einfüllen.

Varianten aus dem Fachhandel

Im Fachhandel gibt es eine stabile Flasche, die zudem ein Tau enthält, das den Hund vor eine ganz besondere Herausforderung stellt (→ Foto, rechts). Oder Sie entscheiden sich für einen »Snackball«, der aus beißfestem Material besteht und eine größenverstellbare Öffnung hat, um den Schwierigkeitsgrad zu steigern. Für eine leise Variante gibt es Stoffwürfel, die sich befüllen lassen. Allerdings sind die Öffnungen an den Würfelseiten so groß, dass besser eine Leckerli-Stange oder ein größerer Keks darin versteckt werden sollte.

1. Herausforderung: Diese Futterflasche können Sie im Fachhandel kaufen. Zunächst muss der Hund das Tau hineinschieben, erst dann gelangt er an den Leckerli-Schatz.

2. Leise Variante: Solche befüllbaren Stoffwürfel verursachen während des Spiels kaum Geräusche. Wer seinen Hund mit ins Büro nehmen kann, hat hier eine wunderbare Beschäftigungsmöglichkeit für ihn.

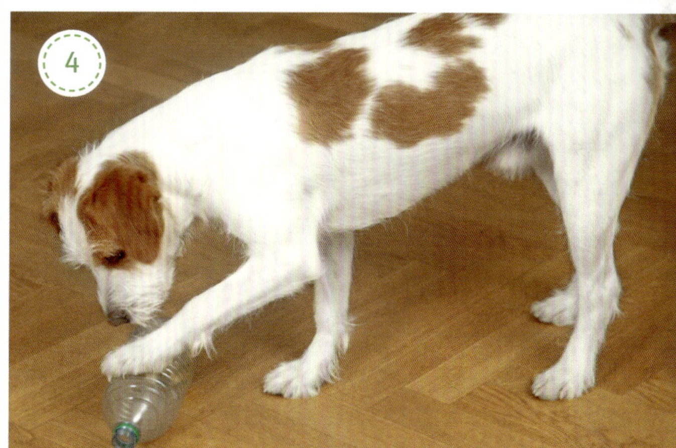

3. Snackball: Beim Snackball kann der Schwierigkeitsgrad variiert werden, denn die Öffnung ist größenverstellbar.

4. Marke Eigenbau: Eine leere Plastikflasche lässt sich gut mit festen Leckerli-Brocken füllen. Nehmen Sie anfangs kleine Teile, die leicht herauskugeln, damit der Hund ein schnelles Erfolgserlebnis hat.

Der **Leckerli-Loop**

Was trainiert wird: Hier ist Disziplin und Geschicklichkeit gefragt, denn der Hund muss ruhig abwarten, bis das Signal zum »Loop« kommt – dann darf er das Leckerli mit viel Geschick aus der Luft auffangen.

Das brauchen Sie: Trockenfutterbrocken oder Käsewürfel, die nicht zu leicht sind.

Einige Hunde lieben es, dieses kleine Kunststück zu üben, um an einen begehrten Leckerbissen zu kommen. Sie geben sich gewaltig Mühe, anderen ist das alles viel zu anstrengend: Probieren Sie aus, wie Ihr vierbeiniger Freund auf den Leckerli-Loop reagiert.

Jeder Moment wird belohnt

Voraussetzung ist, dass der Hund in der Sitz-Position bleibt, denn zunächst muss er sich mit dem Leckerli auf der Nase ganz ruhig verhalten.
In einem ersten Schritt bringen Sie Ihrem Vierbeiner bei, das Leckerli auf der Nase liegen zu lassen. Dazu umfassen Sie vorsichtig seine Schnauze und platzieren das Leckerli recht weit vorn am Nasenspiegel Ihres Hundes. Hält er diese Übung auch nur für einen kurzen Moment durch, nehmen Sie das Leckerli von seiner Nase und geben es ihm als Belohnung für seine Geduld.
Jetzt gilt es, sein Durchhaltevermögen auf ein paar Sekunden zu steigern. Versuchen Sie es zwei-, dreimal hintereinander und wiederholen Sie diese Übung ein paar Tage, bis der Hund sicher mit der Belohnung auf der Nase ausharrt.

Ein kurzes Signal für den Loop

Nun geht es an den nächsten Schritt. Überlegen Sie sich ein kurzes Signal oder Geräusch, zum Beispiel »Wirf!« oder »Fang!«. Auch ein lautes Fingerschnippen erfüllt den Zweck. Platzieren Sie das Leckerli wie oben beschrieben auf der Hundenase und stellen Sie sich zwei Schritte vor den Hund. Nun rufen Sie Ihr Signal oder schnippen mit den Fingern und machen dabei eine auffordernde Armbewegung nach oben. Mit etwas Glück wirft der Hund den Kopf hoch und versucht, das Leckerli zu fangen. Klappt das anfangs nicht, sammeln Sie das Leckerli auf und versuchen Sie es erneut.

Ein erster Erfolg: super!

Wiederholen Sie die Versuche nicht öfter als zwei, drei Mal und vergessen Sie nicht, Ihren Vierbeiner ausgiebig zu loben – auch wenn der Leckerli-Loop noch nicht geklappt hat. Das Leckerli bekommt er zum Schluss natürlich trotzdem, denn eine Belohnung hat er sich für sein Mitspielen unbedingt verdient. Probieren Sie die Übung in den nächsten Tagen immer wieder mal aus. Sobald der Hund es

1. Leckerli platzieren: Die französische Schäferhündin Amy und ihr Frauchen sind ein eingespieltes Team. Die Hündin lässt sich bereitwillig ein Leckerli vorn auf die Schnauze legen.

2. Ruhig abwarten: Für jeden Augenblick des Stillhaltens bekommt Amy als Belohnung das Leckerli von ihrer Nase. Schließlich klappt die Übung schon sehr gut: Amy wartet geduldig mit dem Belohnungshappen auf der Nase ab, bis das Signal kommt.

3. Erfolgreicher Loop: Auf Anhieb hat es nicht geklappt, doch Frauchen und Amy haben fleißig geübt. Nach einigen Versuchen fliegt das Leckerli in die Luft, und die Hündin fängt es geschickt auf.

einmal geschafft hat, brechen Sie in wahre Begeisterungsstürme über sein Geschick aus. Sie werden sehen – das motiviert Ihren Liebling fast noch mehr als das Leckerli. Das Geschick, ein Leckerli aus der Luft aufzufangen, können Sie auch ein paar Mal durch einfaches Zuwerfen trainieren.

Keinen Zwang ausüben!

Signalisiert Ihr Hund allerdings, dass er das Spiel überhaupt nicht mag, beispielsweise, indem er den Kopf wegdreht oder weggeht, wählen Sie besser ein anderes Futterspiel zum Beispiel »Karton und Kissenburg« auf Seite 19 oder die »Handtuch-Rolle« auf Seite 22. Zwingen Sie Ihren Vierbeiner nicht, etwas einzuüben, das ihm offensichtlich unangenehm ist. Bei der spielerischen Beschäftigung mit dem Vierbeiner sollte immer Freude und Spaß an der Sache an erster Stelle stehen.

Such- und Bringspiele für Spürnasen

Eine der faszinierendsten Eigenschaften unserer Vierbeiner ist das famose Leistungsvermögen ihrer Nase. Der Geruchssinn eines Hundes ist für bestimmte Stoffe millionenfach feiner als der des Menschen. Kein Wunder, dass der Mensch sich diese sagenhafte Fähigkeit in hochsensiblen Bereichen zunutze macht wie etwa im Rettungsdienst, in der Medizin, in der Kriminalarbeit und sogar in Kriegsgebieten. Für den Hund hat seine »Supernase« vielfältige, ursprünglich überlebenswichtige Aufgaben. Von der Jagdbeute bis zum Wasser erschnuppert er alles, was er zum Leben braucht, und auch ein Teil der Kommunikation mit Artgenossen läuft über die Riechzellen ab.

Und obwohl die meisten Hunde wahre Riech-Genies sind, muss diese Fähigkeit für einen gezielten Einsatz trainiert werden. Deshalb macht es Sinn, »Nasenarbeit« schrittweise aufzubauen und zunächst mit kleinen Anforderungen zu beginnen, beispielsweise mit einer einfachen »Schatzsuche« (→ Seite 29 bis 33). Die Bereitschaft, das gesuchte Objekt dann auch noch zu bringen, ist wiederum eine Trainingsaufgabe, die nicht selten beide – Hund und Halter – vor eine große Herausforderung stellt. Doch das regelmäßige Üben lohnt sich: Such- und Bringspiele stärken die Bindung zwischen Ihnen und Ihrem Vierbeiner ungemein – ganz abgesehen von dem Spaßfaktor.

Schatzsuche drinnen

Was trainiert wird: In vertrauter Umgebung lernt der Hund, sich auf das Suchen eines Gegenstandes zu konzentrieren und ihn bereitwillig abzugeben.

Das brauchen Sie: Einen Gegenstand zum Verstecken (Spielzeug, Tuch), Leine und Brustgeschirr, Leckerlis.

Mit diesem kleinen Versteckspiel machen Sie Ihrem Hund immer eine Freude – und es kostet nicht viel Zeit. Ihr Vierbeiner soll nach einem Spielzeug, einem Tuch oder einem anderen Gegenstand suchen. Verwenden Sie ausschließlich Dinge, die für das Spielen mit dem Hund reserviert sind. Auch Welpen verstehen schnell, worum es geht. Die Kleinen sind nicht überfordert, wenn Sie das Spiel richtig aufbauen und es anfangs nur über kleine Entfernungen verlaufen lassen.

EXPERTEN-TIPP

Trainingsstufen anpassen

Werden Sie nicht ärgerlich, wenn etwas nicht gleich klappt. Wenn ein Spielschritt nicht funktioniert, überprüfen Sie zunächst, ob es ein »Versehen« des Hundes war, indem Sie den Schritt noch einmal ausprobieren. Macht er den Fehler wieder, ignorieren Sie das und legen eine kleine Pause ein. Für das Lernen des Hundes ist es wichtig, dass er Fehler nicht zu oft macht – sie etablieren sich sonst in seinem Verhalten. Überlegen Sie, wo das Missverständnis liegen könnte und wie Sie dem Hund den Spielschritt anders vermitteln können. Gehen Sie eventuell einen Schritt zurück im Training.

Erst ein kleiner Test ...

Voraussetzung ist, dass der Hund den gefundenen Gegenstand zu Ihnen zurückbringt und abgibt. Wenn Sie nicht sicher sind, ob er dies auch wirklich tut, probieren Sie Folgendes aus: Werfen Sie ein Spielzeug ein Stück weit weg und locken Sie den Hund heran, sobald er es aufgenommen hat. Wenn er es bringt, nehmen Sie es ihm mit lobenden Worten ab und belohnen ihn. Klappt das noch nicht, nehmen Sie den Hund an sein Brustgeschirr und werfen das Spielzeug maximal auf Leinenlänge weg. Der Hund läuft freudig hinterher und nimmt es auf. Ziehen Sie den Hund nun langsam rückwärts gehend zu sich heran – er folgt. Loben Sie ihn

dafür. Tauschen Sie das Spielzeug gegen ein Leckerli. Wenn der Hund das Bringen und Abgeben beherrscht, üben Sie mit ihm das Aufspüren des Gegenstandes aus einem Versteck. Dafür legen Sie das Spielzeug für den Hund gerade noch sichtbar beispielsweise hinter ein Möbelstück, einen Zimmerpfosten, den Papierkorb etc. Ihr Vierbeiner wartet einige Schritte entfernt ruhig ab. Wenn er ein Bleib-Signal beherrscht, können Sie es für diesen Zweck verwenden, oder Sie lassen ihn seine Sitz-Position einnehmen.

Auf die Suche schicken

Wenn Sie Tuch oder Spielzeug versteckt haben, gehen Sie zum Hund zurück und schicken ihn mit einem Signal auf die Suche. Nun darf er sein Spielzeug finden und es zu Ihnen zurückbringen. Verläuft alles nach Plan, gibt es viel Lob und natürlich auch eine kleine Belohnung in Form eines Leckerlis oder eines kurzen freien Spiels (→ Richtig loben und belohnen, Umschalg hinten). Zwei, drei Spieldurchgänge sind genug, dann räumen Sie das Spielzeug wieder weg. »Profis« können beim Verstecken auch mal vor der Tür warten. Das macht die Aufgabe schwieriger und erhöht die Spannung.

Entfernung vergrößern

Beim nächsten Mal erhöhen Sie die Distanz um ein kleines Stück, bis auch das sicher klappt. Achten Sie immer darauf, dass der Hund das Fundstück auch tatsächlich zu Ihnen zurückbringt. Tobt er stattdessen damit durch die Wohnung, gehen Sie besser einen Trainingsschritt zurück, bis Ihr Vierbeiner Ihnen seine »Beute« wieder verlässlich abgibt, denn solch ein »Fehler« prägt sich ansonsten schnell ein (→ Experten-Tipp, Seite 29).

1. Geringe Distanz: Monokel ist zwar schon eine erfahrene Dalmatiner-Dame von zehn Jahren, doch das Versteckspiel in der Wohnung kennt sie noch nicht. Deshalb baut Herrchen das Spiel zunächst in kleinen Schritten für sie auf. Monokel bleibt brav sitzen, während Georg ihr Spieltuch hinter einem Papierkorb versteckt.

2. Herrchen hilft: Jetzt löst Georg das Sitz-Signal auf und lässt Monokel das Tuch »finden«. Auch ohne seine deutliche Hilfestellung hätte die Hündin das Tuch sicher gleich gefunden.

3. Gut beobachtet: Nun wird die Sache schwieriger. Das Tuch liegt hinter dem Sofa und die Entfernung ist etwas größer. Georg schickt seine Dalmatiner-Hündin auf die Suche. Wichtig: Bei der Suche den Hund nicht anschauen, sondern in Richtung Versteck blicken, damit Ihr Vierbeiner sich an Ihrem Blick orientiert.

4. Für Fortgeschrittene: Monokel beherrscht das Zurückbringen und Abgeben sicher. Wenn dieses Spiel gut gelingt, kann man den Hund auch vor der Zimmertür warten und dann suchen lassen. Oder Sie lassen den Hund in einem Raum warten und verstecken das Suchobjekt in einem anderen Raum.

Schatzsuche draußen

Was trainiert wird: Während einer Schatzsuche geht es vor allem um Aufmerksamkeit.

Das brauchen Sie: Einige Gegenstände (Mütze, Schal, Handschuh), die Sie für Ihren Hundespaziergang reserviert haben und die auch mal auf dem Boden liegen dürfen.

Hunde lieben Spaziergänge mit Abwechslung. Die können Sie Ihrem Hund bieten, idealerweise sogar, wenn es eine »Routinestrecke« ist, die Sie beide bereits in- und auswendig kennen.

Spaziergang interessant gemacht

Mit einer Schatzsuche lenken Sie die Aufmerksamkeit Ihres Vierbeiners ganz und gar auf den Spaziergang an Ihrer Seite. Seine Aufgabe ist es nämlich, Gegenstände zu entdecken und anzuzeigen, die Sie am Wegrand »verloren« haben – ohne dass der Hund es zuvor bemerkt hat. Nehmen Sie bei Ihrer nächsten Runde mit dem Hund ein paar Gegenstände mit, zum Beispiel ein Tuch, eine Mütze, einen Schal etc. »Verlieren« Sie sie unterwegs unauffällig. Drehen Sie wenig später um und gehen Sie die Strecke zurück, den Hund an Ihrer Seite. Wenn er das ohne Leine noch nicht beherrscht, sollten Sie ihn für die »Schatzsuche« anleinen.

Da liegt doch was …

Ein langsames Schritttempo ist anfangs hilfreich für den Hund, damit er Zeit genug hat, die »Schätze« zu entdecken. Schnuppert er daran, nehmen Sie den Gegenstand auf und freuen sich riesig darüber, dass er das gute Stück gefunden hat. Loben und belohnen Sie ihn. Läuft er ohne Reaktion daran vorbei, kehren Sie um und gehen so nah an Mütze, Schal oder Tuch heran, dass der Hund fast darüberstolpert. Nimmt er den Gegenstand nun wahr, loben Sie Ihren Vierbeiner kräftig und belohnen ihn. Und weiter geht's zum nächsten »Schatz«. Reagiert der Hund noch immer nicht, »finden« Sie den Gegenstand und freuen sich darüber. Das macht den Schatz für Ihren vierbeinigen Liebling attraktiv.

Aufnehmen und Abgeben

Im nächsten Schritt soll Ihr Hund den Gegenstand aufnehmen und bei Ihnen abgeben. Das gelingt beispielsweise mit dem Clicker gut (→ Seite 96). Jede gewünschte Reaktion clicken Sie anfangs schon im Ansatz, zum Beispiel, wenn er den Gegenstand nicht nur beschnuppert, sondern mit der Schnauze aufnimmt. Hat er das einige Male gemacht, warten Sie beim nächsten Mal, bis er ihn einen Augenblick länger behält, bevor Sie clicken. Der Hund wird schnell begreifen, was er zu tun hat.

1. »Schatz« verloren: Tanja geht mit Marosch, ihrem rumänischen Herdenschutzhund, einen Weg entlang und »verliert« dabei unauffällig ein Halstuch und eine Kappe.

2. »Schatz« entdeckt: Nach dem letzten verlorenen Gegenstand kehrt Tanja um. Schon aus der Ferne hat Marosch die Kappe entdeckt. Marosch geht sicher an ihrer Seite, deshalb braucht sie keine Leine für die »Schatzsuche«.

3. »Schatz« gebracht: Auch das Tuch hat der Herdenschutzhund schnell entdeckt und sogar aufgenommen. Darüber freut sich Tanja riesig und rückt sogleich ein Leckerli heraus.

Das **Apportieren**

Was trainiert wird: Etwas zu apportieren lieben die meisten Vierbeiner. Sie sind bei diesem Spiel hoch konzentriert. Durch verschiedene Aufgaben, wie konsequentes Zurückbringen, trainieren Sie zugleich den Gehorsam.

Das brauchen Sie: Etwas zum Werfen, zum Beispiel ein Spielzeug oder einen Ball, Leckerlis zum Belohnen.

Das Hinterherjagen liegt den meisten Hunden im Blut – sie lieben es! Für viele gibt es kaum etwas Schöneres, einen Gegenstand zu erbeuten, sei es ein Ball, das Lieblingsspielzeug oder ein »professionelles« Apportierholz. Allerdings sind nicht alle Vierbeiner gleichermaßen begeistert von dem Wunsch ihres Halters, die »Beute« auch zurückzubringen. Und außerdem tobt ein Hund am liebsten auf der Stelle los, wenn das Teil durch die Luft wirbelt … Stopp! Hier beginnt unser Spiel. Zwar soll der Hund dem Wurfobjekt hinterherrennen, aber erst, wenn Sie es ihm signalisieren.
Hinweis: Werfen Sie keine spitzen Stöckchen, denn der Hund könnte sich daran verletzen.

Das Spiel gut vorbereiten

Ein klassischer Spielaufbau könnte so aussehen: Sie lassen den Hund absitzen, stellen sich neben ihn und werfen eines seiner Spielzeuge weit weg. Den Impuls des Hundes, auf der Stelle loszujagen, bremsen Sie zum Beispiel mit dem Signal »Bleib!«. Erst nach einer kleinen Weile erlauben Sie ihm, in Richtung Gegenstand zu laufen, mit einem Signal, das Sie sich für das Apportieren überlegt haben, zum Beispiel »Bring zurück!«.
Unterstützen können Sie das Signal zusätzlich mit einer Geste, zum Beispiel die Arme nach vorne öffnen (→ Foto 4, Seite 35).

Das Zurückbringen

Sie möchten natürlich, dass der Hund den Wurfgegenstand zu Ihnen zurückbringt. Tut er das nicht von sich aus, rennen Sie in entgegengesetzer Richtung von ihm weg und gehen in die Hocke. Er wird Sie nun mit seinem Spielzeug in der Schnauze verfolgen. Ist er bei Ihnen angekommen, loben Sie ihn kräftig und nehmen ihm das Spielzeug ab – anfangs beispielsweise im Tausch gegen ein Leckerli.
Klappt diese Variante schon gut, werden Sie anspruchsvoller: Bauen Sie kleine Übungseinheiten vor dem »Bring«-Signal ein, zum Beispiel »Slalom durch die Beine« (→ Seite 50/51) oder ein »Platz!«. Dieses Spiel können Sie mit Ihrem vierbeinigen Liebling auch in der Wohnung üben.
Für »Profis«: Wechseln Sie vor dem »Bring«-Signal Ihre Position. Rufen Sie den Hund zu sich, und geben Sie ihm einen kleine Aufgabe. Erst dann schicken Sie ihn los.

1. Geduldig warten: Marie hat ihre Golden-Retriever-Hündin Gina neben sich absitzen lassen und gibt ihr das Kommando »Bleib!« (→ Foto, Seite 34).

2. Spielzeug werfen: Ginas Lieblingsspielzeug fliegt durch die Luft. Die Hündin läuft nicht auf der Stelle hinterher, sondern bleibt brav sitzen.

3. Gleich geht's los: Marie wartet kurz ab, bevor sie das entsprechende Apportier-Signal gibt. Dabei nimmt sie mit Gina Blickkontakt auf.

4. Abholen: Mit einer klaren Körpersprache gibt Marie ihrer Hündin das Kommando »Bring zurück!« Gina würde mittlerweile Maries Aufforderung auch ohne Wort-Signal verstehen.

5. Abgeben: Super gemacht! Gina bringt ihr Spielzeug umgehend zu Marie zurück und legt es ihr in die ausgestreckte Hand. Anfangs gab es dafür immer ein Leckerli als Belohnung, mittlerweile nur noch ab und zu.

Die **Futterbeutel-Suche**

Was trainiert wird: Der Hund lernt, konzentriert seine Nase einzusetzen und etwas für ihn sehr Wichtiges, nämlich sein Futter, abzugeben. Diese Aufgabe trainiert seinen Geruchssinn und den Gehorsam, auf ein Signal hin die »Beute« aufzunehmen und wieder abzugeben.

Das brauchen Sie: Leine (oder Schleppleine) und Brustgeschirr, Futterbeutel (oder kleine Tasche), Leckerlis.

Dieses spannende Spiel könnte zum »Dauerbrenner« zwischen Ihnen und Ihrem Hund werden. Alle Vierbeiner haben Riesenspaß beim Suchen, vor allem, wenn eine leckere Belohnung lockt.

»Beute« interessant machen

Nehmen Sie den Hund anfangs an Brustgeschirr und Leine. Dann machen Sie den mit Leckerlis gefüllten Beutel attraktiv: Werfen Sie ihn hoch, ziehen Sie ihn auf dem Boden hin und her. Animieren Sie Ihren Hund ruhig auch mal zu einem kleinen Zerrspielchen. Belohnen Sie Ihren Vierbeiner aus dem Futterbeutel.

Jeden kleinen Erfolg belohnen

Wenn das Interesse am Beutel geweckt ist, werfen Sie ihn ein Stück weit weg. Der Hund darf gleich hinterher. Im optimalen Fall nimmt er ihn auf. Das loben Sie kräftig und gehen rückwärts. Dabei muss der Hund Ihnen an der Leine automatisch folgen. Kommt er bei Ihnen an, loben Sie ihn, nehmen ihm den Beutel ab und belohnen ihn daraus. Notfalls ziehen Sie den Hund sanft zu sich heran.
Wenn das Aufnehmen und Zurückbringen sicher klappt, können Sie eine erste kleine Suche ohne Leine starten und dabei das Hör- und Sicht-Signal einführen (zum Beispiel »Bring!« und eine entsprechende Armbewegung dazu). Zunächst machen Sie den Futterbeutel für den Hund wieder attraktiv. Dann lassen Sie ihn »Sitz« machen. Legen Sie den Beutel nun etwa fünf Meter entfernt leicht versteckt ab. Nach dem Signal darf der Hund mit der Suche beginnen. Wenn er den Beutel entdeckt hat, freuen Sie sich riesig und belohnen ihn daraus, sobald er ihn gebracht hat. Falls das Zurückbringen noch nicht klappt, wiederholen Sie die Übung mit der Schleppleine. Lassen Sie dem Hund Zeit für die Suche, wiederholen Sie nicht ständig das Signal. Nur, wenn Sie das Gefühl haben, der Hund irrt ratlos umher, rufen Sie ihn zu sich und schicken ihn erneut in Richtung Futterbeutel. Nun können Sie die Distanzen für das Verstecken allmählich steigern. Der Hund sollte bei jeder Suche Erfolg haben!
Für geübte Supernasen: Der Hund darf beim Verstecken nicht mehr zuschauen. Dann aber wieder mit kleinen Distanzen beginnen.

1. Geduld üben: Die Hündin Alex kennt ihren Futterbeutel. Sie beherrscht das Suchen und Bringen mit Leine. Heute soll ohne Leine geübt werden. Alex darf den Vorbereitungen in der Sitz-Position zuschauen.

2. Beutel ablegen: Marion legt den Beutel fünf bis zehn Meter entfernt, aber noch in Sichtweite von Alex, ab. Alex fiebert dem Spielbeginn entgegen.

3. Außer Sicht: Marion steigert den Schwierigkeitsgrad. Die fünfjährige Golden-Retriever-Hündin sieht nur ungefähr, wo der Beutel versteckt ist. Sie verharrt trotzdem geduldig in der Sitz-Position, wie sie es gelernt hat.

4. Ohne Worte: Nach dem Verstecken kehrt Marion zu ihrer Hündin Alex zurück und schickt sie mit einem Signal auf die Suche. Dabei schaut Marion in Richtung Futterbeutel.

5. Gefunden und zurückgebracht: Alex erhält ihre wohlverdiente Belohnung direkt aus dem Futterbeutel. Frauchen ist bei der Suche nicht etwa ein paar Schritte mitgegangen, sondern hat geduldig an dem Ausgangspunkt der Suche gewartet.

Das **Dufttuch finden**

Was trainiert wird: Wie gut die Nase Ihres Hundes ist, lässt sich mit diesem Spiel hervorragend auf die Probe stellen. Sollte sein Talent fürs Riechen noch »schlummern«, lernt er damit, seinen Geruchssinn konzentriert einzusetzen.

Das brauchen Sie: Ein Stofftuch, einen Duftstoff, zum Beispiel Haushaltsöle, Honig in Wasser aufgelöst, Milch (keine Parfums, keine ätherischen Öle!), mehrere Papiertücher, eventuell einen Clicker (→ Seite 96/97).

Schon ein winziges Dufttröpfchen auf einem Papiertuch genügt dem Hund, um es von anderen »geruchlosen« Tüchern zu unterscheiden.

Die Duftprobe

Machen Sie Ihren Hund zunächst mit dem Duft vertraut, den Sie für dieses Spiel einsetzen möchten. Geben Sie einen Tropfen davon auf ein Stofftuch, spielen Sie mit dem Hund damit. Nach dieser Vorbereitung geht es an die Nasenarbeit. Präparieren Sie nun ein Papiertuch mit dem Duft und legen Sie es vor dem Hund auf den Boden. Der Hund darf ausgiebig daran schnuppern. Jetzt ist Ihre Reaktion wichtig: Als hätte der Hund soeben etwas gefunden, das Sie lange vermisst haben, nehmen Sie das Tuch auf, riechen daran und freuen sich riesig darüber. Nun probieren Sie das Ganze mit zwei Tüchern. Eines enthält ein Tröpfchen Duft, das andere nicht. Lassen Sie den Hund an beiden Tüchern riechen. Loben Sie ihn überschwänglich, wenn er einen Moment länger auf das richtige Tuch reagiert, zum Beispiel daran riecht oder es aufnimmt. Nach einigen Wiederholungen begreift der Hund wahrscheinlich, dass er den Duft »finden« soll. Hat er es noch nicht verstanden oder zerreißt die Tücher regelmäßig, greifen Sie zu einem kleinen Trick: Stecken Sie jedes Tuch tief in ein schmales, leeres Marmeladenglas oder in ein hohes Trinkglas.

Dufttuch finden Schritt für Schritt

Beobachten Sie, wie Ihr Hund den richtigen Duft anzeigt: Nimmt er das Tuch auf? Berührt er es mit der Pfote? Oder verharrt er einfach nur länger an dem richtigen Tuch? Sein Anzeigeverhalten können Sie mit dem Clicker unterstützen.

Diesen Spielaufbau sollte man nicht an einem Tag trainieren. Lassen Sie dem Hund für die einzelnen Schritte Zeit. Üben Sie immer mal wieder zwischendurch. Für »Nasenprofis«, die den richtigen Duft bereits mühelos erkennen, legen Sie mehrere Tücher aus – eines ist duftend präpariert. Eine weitere Steigerung: Sie nehmen einen neuen Duft, lassen den Hund vor dem Start daran schnuppern und fordern ihn dann auf, das richtig Tuch aus zwei oder drei ausgelegten Tüchern herauszuriechen.

1. Duftendes Tuch: Das Handtuch auf dem Foto Seite 38 wurde mit Holunderblütensirup präpariert. Amy durfte damit spielen, damit sie den Duft kennenlernt. Für die eigentliche Nasenarbeit wird ein Papiertuch mit dem gleichen Duft beträufelt.

2. Schwierige Angelegenheit: Amy soll das richtige Dufttuch bringen. Mit zwei Tüchern klappt es schon prima – aber mit dreien?

3. Alles kein Problem: Amy geht auf das Papiertuch mit dem Holundersirup zu. Ihre Nase hat ihr den richtigen Weg gezeigt. Als sie es beschnuppert, gibt es ein Lob. Sie bringt es zu Frauchen und bekommt dafür ein Click! und einen leckeren Happen.

Verloren und bringen

Was trainiert wird: Ihr Hund lernt, aufmerksam auf Sie zu achten und selbstständig einen Gegenstand anzuzeigen, den Sie verloren haben. Seinen Geruchssinn setzt er ein, wenn Sie ihn zum Suchen des Gegenstandes schicken.

Das brauchen Sie: Leine, einen Gegenstand, der Ihnen gehört und den der Hund gut aufnehmen kann (zum Beispiel ein Brillenetui oder eine Schlüsseltasche), Leckerlis.

Der Hund soll von sich aus bemerken, dass Sie etwas »verloren« haben und das anzeigen, indem er beispielsweise bei dem Gegenstand sitzen bleibt.

Große Freude über das Fundstück

Für den Aufbau des Spiels nehmen Sie den Hund an die Leine und gehen mit ihm einen Weg entlang. Dabei »verlieren« Sie einen Gegenstand, zum Beispiel ein (leeres) Brillenetui – und zwar so, dass der Hund es gut bemerken kann. Schnuppert er an dem Gegenstand, nehmen Sie den Gegenstand auf, freuen sich riesig darüber und loben und belohnen dann den Hund. Reagiert der Hund nicht auf den verlorenen Gegenstand, sondern geht einfach mit Ihnen weiter, kehren Sie nach ein paar Schritten um. Gehen Sie so dicht an dem Gegenstand vorbei, dass Ihr Vierbeiner quasi darüber»stolpert«. Bemerkt er nun den Gegenstand, freuen Sie sich, wie oben beschrieben, loben und belohnen Ihren Hund ausgiebig.

Du hast da was verloren …

Jetzt geht der Hund ohne Leine mit Ihnen und soll lernen, bei dem Gegenstand zu bleiben, um Ihnen auf diese Weise anzuzeigen, dass Sie etwas verloren haben. Nachdem Sie etwas »verloren« haben, gehen Sie nun aber weiter und beobachten Ihren Hund aus den Augenwinkeln. Sobald er auch nur das leiseste Zögern in Richtung Gegenstand zeigt, kehren Sie sofort um, loben ihn und freuen sich wieder überschwänglich über den »Fund«. Die Belohnung nicht vergessen! Funktioniert das gut, reagieren Sie beim nächsten Mal etwas später, bis Sie sich umdrehen und zu Ihrem Vierbeiner und seinem »Fund« zurückkehren. So lernt er allmählich, dass er bei dem verlorenen Gegenstand bleiben soll.
Das Warten lohnt sich: Wenn Sie zu ihm zurückkehren, freuen Sie sich riesig über das Fundstück und belohnen ihn wiederum.
Eine Variante für Fortgeschrittene: Sie verlieren einen Gegenstand für den Hund wirklich unauffällig. Einige Schritte weiter »entdecken« Sie den Verlust und schicken den Hund zurück, um den verlorenen Gegenstand zu bringen, zum Beispiel mit dem Signal »Bring!«.

1. An der Leine: Anja hat ein rotes Brillenetui auf dem Weg »verloren«. Ihre Hündin Turbo schnuppert daran, Anja reagiert sofort mit einem Lob darauf und freut sich über Turbos »Fund«.

2. Ohne Leine: In einem zweiten Schritt hat Anja mit Turbo geübt, dass die Hündin den Verlust des Gegenstands selbstständig anzeigt. Dafür geht Anja nach dem »Verlieren« ein Stück weiter. Turbo setzt sich neben das Etui und macht Anja so auf den Verlust aufmerksam.

3. »Bring verloren!«: Dieses Mal hat Frauchen etwas verloren, ohne dass Turbo es bemerken konnte. Einige Meter weiter schickt Anja ihre Hündin mit einem Wort- und Körper-Signal auf die Suche nach dem Gegenstand.

4. Gefunden: Turbo ist den Weg zurückgelaufen und hat den Gegenstand entdeckt. Die Hündin nimmt das rote Brillenetui auf und bringt es zu Anja zurück.

5. Zurückgebracht: Für das Zurückbringen wird Turbo kräftig gelobt, und sie erhält natürlich eine Belohnung dafür. Um den Schwierigkeitsgrad zu steigern, können Sie auch die Distanz vergrößern.

Die **Schnüffelspur**

Was trainiert wird: Jeder Hund hat einen genialen Geruchssinn. Doch einer bestimmten Spur konzentriert zu folgen, muss er erst lernen. Hier bringen Sie es ihm spielerisch bei und fördern das selbstständige Arbeiten.

Das brauchen Sie Ein Brustgeschirr, eine Leine, zwei Gegenstände als Start- und Schlusskennzeichnung der Spur, zum Beispiel einen Handschuh, einen Schlüsselbund etc.

Wenn Ihr Hund bisher noch keine Fährtenarbeit kennt, wird er bei diesem Spiel bestimmt auf den Geschmack kommen.

Fährte legen

Beginnen Sie mit einer einfachen Spur, idealerweise in etwas höherem Gras. Kennzeichnen Sie den Beginn mit einem Gegenstand. Von dort aus gehen Sie mit schlurfendem Schritt geradeaus, sodass ein zwei Fuß breites Geruchsband entsteht. Spuren Sie auf diese Weise etwa sieben bis zehn Meter, an das Ende der Spur wiederum einen Gegenstand legen. Dann treten Sie mit einem großen Schritt aus der Spur heraus und gehen in einem weiten Bogen zu Ihrem Hund zurück.

Immer mit Leine und Geschirr

Gehen Sie mit dem Hund an den Startpunkt der Spur. Lassen Sie ihn an dem Startgegenstand schnuppern. Fordern Sie den Hund mit einem für die Fährtenarbeit reservierten Signal, zum Beispiel »Spur!« oder »Fährte!«, zum zielgerichteten Schnüffeln auf. Um ihm anfangs zu helfen, zeigen Sie mit der Hand auf den Boden, wo die Spur beginnt. Sobald er den Geruch entdeckt hat, wird er ihm schnüffelnd folgen. Gehen Sie hinter ihm, die Leine darf leicht gestrafft sein. Wenn der Hund von der Spur abkommt, warten Sie einen Moment, ob er von selbst zurückfindet. Wenn nicht, helfen Sie ihm, indem Sie mit der Hand auf die Spur zeigen. Das Signal können Sie an dieser Stelle wiederholen, jedoch nicht zu oft. Sobald der Hund den Gegenstand erreicht hat, freuen Sie sich riesig über seinen Fund, loben ihn tüchtig und belohnen ihn, selbst wenn Sie ihm sehr geholfen haben. Wenn Sie diese erste Schnüffelspur drei oder vier Mal geübt haben, können Sie anspruchsvoller werden. Treten Sie die Spur nicht mehr schlurfend aus, sondern gehen Sie normal voran. Verlängern Sie die Spur und bauen Sie einen Winkel ein, später mehrere. »Profis« erschnüffeln sogar einen Kreis. Dabei ist es wichtig, jede neue Herausforderung in Ruhe zu trainieren, bis es gut klappt. Auch das korrekte Führen des Hundes ist wichtig: Halten Sie die Leine ruhig in der Hand, ohne in eine Richtung zu ziehen.

1. Fährte legen: Mit schlurfenden Schritten tritt Antje eine Spur. Für den Anfang am besten einfach geradeaus, etwa sieben bis zehn Meter lang. Für Anfänger in der Fährtenarbeit sind Spuren im hohen Gras ideal, weil es ihnen das Suchen erleichtert.

2. Fährte verlassen: Antje tritt aus der Spur heraus, damit ihr Geruch hier endet. Das Spurende markiert sie mit einem Gegenstand. Dann geht sie in einem großen Bogen zu ihrem Hund zurück.

3. Spurensuche: Für die Fährtenarbeit wird immer eine Leine und Geschirr verwendet. Rossini darf noch einmal an dem Startgegenstand riechen, dann geht es los.

4. Spur verfolgen: Die Nase tief am Boden folgt der Rüde dem Geruch seines Frauchens und schnüffelt die Trittspur entlang. Kommt er von der Spur ab, wartet Antje eine Weile, ob er von selbst wieder zurückfindet. Wenn nicht, zeigt sie ihm mit der Hand, wo es weitergeht.

5. Spurende erreicht: Als Rossini den Zielgegenstand erreicht hat, freut Antje sich riesig über ihren Nasenprofi und lobt ihn kräftig. Außerdem gibt es eine leckere Belohnung aus dem Futterbeutel.

Auf zur **Personensuche**

Was trainiert wird: Hier lernt der Hund, seinen Geruchssinn für das Auffinden eines Menschen einzusetzen und konzentriert einer Spur zu folgen. Dieses Spiel baut auf das Spiel »Schnüffelspur« auf (→ Seite 42).

Das brauchen Sie: Ein Brustgeschirr, eine Leine, eine weitere Person, einen Gegenstand dieser Person, Klammern oder bunte Bänder zum Markieren der Spur im Gelände.

Jetzt wird es noch spannender für Spürnasen! Der Hund sucht nicht nur nach einer Fährte, sondern nach einer Fremdperson, die er anhand des Geruchs aufspürt. Lassen Sie ihn besser nicht nach Herrchen oder Frauchen suchen, denn viele Hunde werden nervös und unkonzentriert, wenn sie ihre Besitzer aus den Augen verlieren.

Bunte Klammern als Wegweiser

Wie bei jeder Fährtenarbeit wird auch hier mit Leine und Geschirr gearbeitet. Aufgebaut wird auf das Spiel »Schnüffelspur« (→ Seite 42). Die »Fremdperson« (die dem Hund aber bekannt sein darf) legt eine Fährte von anfangs etwa 20 bis 30 Metern. Dabei markiert sie die Strecke mit bunten Klammern oder Bändern, damit später erkennbar ist, ob der Hund tatsächlich der Fährte folgt. Ihren Vierbeiner binden Sie währenddessen sicher an, sodass er die Aktivitäten nicht beobachten kann. Am Ende der Fährte versteckt sich die Fremdperson zum Beispiel hinter einem Baum (nicht sichtbar für den Hund).

Mit einem Fährtensignal geht's los

Für den ungeübten Hund legen Sie den Gegenstand der zu suchenden Person an den Beginn der Fährte. Später lässt man den Hund nur noch daran riechen, und er muss die Fährte selbst entdecken. Doch zunächst führen Sie Ihren Hund an den Fährtenanfang, dort macht er »Sitz«. Geben Sie ihm den Gegenstand zum Riechen. Dann folgt das Signal für die Suche, zum Beispiel »Spur!« oder »Fährte!«. Der Hund beginnt, der Fährte zu folgen. Versteht er gar nicht, was er tun soll, weisen Sie mit Ihrer Hand ein kleines Stück die Spur entlang. Ist er schließlich auf der Spur und kommt zwischendurch ab (oder versucht, mit der Nase im Wind den Geruch aufzunehmen), bleiben Sie stehen und warten, ob er selbstständig zur Spur zurückfindet. Falls nicht, helfen Sie wiederum mit einer Handweisung auf die Spur. Der Hund soll in Ruhe seine Nase einsetzen können. Bleiben Sie also geduldig und wiederholen Sie das Signal nicht zu oft. Während Ihr Hund voran schnüffelt, gehen Sie hinter ihm. Hat er die Person gefunden, wird er dafür belohnt.

1. Fährte markieren: »Fremdperson« Kirsten markiert die Fährte mit farbigen Klammern und steckt sie so weit oberhalb der Spur, dass der Hund sie nicht wahrnehmen kann.

2. Duftprobe: Labrador Henry ist bereits ein fortgeschrittener Fährtensucher. Deshalb wird für ihn der Beginn der Fährte nicht mehr gekennzeichnet, sondern Anja hält ihm ein Halstuch der zu suchenden Person unter die Nase.

3. Auf der Fährte: Während Henry der Fährte folgt, läuft Susanne, sein Frauchen, hinter ihm. Die Schleppleine hat sie dabei locker in der Hand.

4. Hilfe im Notfall: Kommt Henry von der Fährte ab, lässt Susanne ihm etwas Zeit, die Spur wieder aufzunehmen. Gelingt ihm das nicht, gibt sie ihm Hilfestellung.

5. Person gefunden: Henry hat Kirsten entdeckt, die sich hinter dem Baumstamm versteckt hielt. Kirsten lobt Henry und belohnt ihn aus dem Futterbeutel.

Bewegungs-spiele sorgen für Kondition

Rennen, Toben, Springen – die meisten Hunde lieben das über alles. Es kommt ihrem starken Bewegungsdrang entgegen, den sie von ihrem Stammvater, dem Wolf, geerbt haben. Denn der Wolf ist ja schließlich ein Lauftier. Auf der Suche nach Nahrung legen Wölfe in einer Nacht locker trabend Strecken von 20 bis 50 Kilometer zurück. Kaum ein Haushund bekommt heute die Möglichkeit, seine Lauffreude so ausgiebig auszuleben. Hinzu kommen die über die Jahrtausende gezüchteten Rasseunterschiede: Einen Basset würde das wölfische Pensum wohl weit weniger begeistern als beispielsweise einen Siberian Husky, dem Strecke und Tempo alles bedeuten.

Für beide Typen – und für die riesige Bandbreite dazwischen – sind Bewegungsspiele ideal, wenn man sie individuell auf die jeweiligen Bedürfnisse, auf das Alter und die Fitness des Hundes abstimmt. Bei den Spielen auf den folgenden Seiten geht es einmal vorwiegend um Tempo, zum Beispiel beim »Hunderennen« auf Seite 52, dann wieder vor allem um Geschicklichkeit, wie beim »Slalom durch die Beine« auf Seite 50, oder um das richtige Umsetzen von Richtungsanweisungen, wie »Bergsteigen leicht gemacht« auf Seite 54. Ihr Job dabei: Probieren Sie aus, was Ihrem Hund so richtig Spaß macht und mit welchen Spielen Sie seinen Bewegungsdrang in die richtigen Bahnen lenken.

Hindernis **umrunden**

Was trainiert wird: Der Hund lernt, auf Ihr Signal hin ein Hindernis (Pfosten, Baum, Busch) zu umrunden und zu Ihnen zurückzukehren. Dabei muss er sich auf Sie konzentrieren, um das jeweilige Signal richtig zu interpretieren.

Das brauchen Sie: Eventuell eine Leine für erste Versuche, Leckerlis als Belohnung, Hindernisse zum Umrunden.

Schluss mit der Langeweile auf Routinestrecken! Dieses Spiel macht jeden Spaziergang zu einem Abenteuerlauf. Es eignet sich auch prima, um »weitschweifende« Vierbeiner wieder zu etwas mehr Konzentration auf Herrchen oder Frauchen zu verhelfen. Und je besser das Umrunden funktioniert, desto mehr können Sie die Herausforderungen an Ihren vierbeinigen Liebling steigern.

Der erste Lernschritt

Der Hund soll begreifen, was es heißt, ein Hindernis zu umrunden. Bleibt Ihr Hund noch nicht sicher bei Ihnen, nehmen Sie ihn für diese erste Übung an die Leine.
Stellen Sie sich einen Schritt weit entfernt von einem Hindernis mit ihm auf, zum Beispiel vor einen Pfosten oder einen schmalen Baum. Wenn Sie Ihren Hund an der linken Seite haben, nehmen Sie ein Leckerli in die rechte Hand. Mit der linken Hand dirigieren Sie Ihren Hund nun um das Hindernis herum. Wird er auf der anderen Seite sichtbar, gehen Sie ein, zwei Schritte zurück – der Hund wird Ihnen folgen. Belohnen Sie ihn mit dem Leckerli aus der rechten Hand. Hat der Hund den Bewegungsablauf verstanden, können Sie das Signal dazu einführen, zum Beispiel »Links herum!«.
Der richtige Ablauf sieht schließlich so aus: Der Hund steht oder sitzt an Ihrer linken Seite, mit Blick zum Hindernis. Sie schicken ihn – in aufrechter Körperhaltung – mit einer linken Armbewegung um das Hindernis herum (bleiben dabei aber auf Ihrer Position) und belohnen den Hund aus der rechten Hand, wenn er bei Ihnen ankommt.

Distanz vergrößern

Sobald der Hund das Hindernis verlässlich umrundet, steigern Sie die Entfernung in sehr kleinen Etappen. Dafür sollten Sie ohne Leine mit dem Hund trainieren können. Doch Vorsicht, überfordern Sie Ihren Vierbeiner nicht! Jeder kleine Schritt weiter vom Hindernis weg ist für Ihren Hund durchaus eine große Leistung. Die Übung also Schritt für Schritt langsam aufbauen!
Wenn der Hund beim Umrunden auf einer Seite sicher ist, trainieren Sie auch die andere Seite. Das kann durchaus erst nach ein paar Wochen angebracht sein, je nachdem, wie intensiv Sie trainieren und wie schnell der Hund das Spiel annimmt.

Schwierigkeitsgrad erhöhen

Wenn Ihr Vierbeiner das Hindernis von beiden Seiten umrunden kann und das sicher funktioniert, können Sie sich alle möglichen Varianten ausdenken. Für den Hund ist es dabei schon eine große Herausforderung, wenn Sie ihn einen dickeren Baum umrunden lassen oder gar einen Busch, der für ihn unübersichtlicher ist. Damit es auch hier möglichst von Anfang an klappt, verringern Sie die Distanz zunächst bei jedem neuem Hindernis wieder, bis der Hund auch diese schwierigere Aufgabe problemlos meistert.

Ist Ihr Vierbeiner beim Umrunden schon so richtig fit, überlegen Sie sich neue Aufgaben für ihn. Zum Beispiel können Sie den Hund nach dem Umrunden des Hindernisses zu einem »Stopp!« oder »Bleib!« auffordern (vorausgesetzt, er kennt dieses Signal) und ihn erst nach Auflösung des Signals weiterlaufen lassen. Auch ein »Sitz!« oder »Platz!« zwischendurch ist eine neue Herausforderung. Oder Sie lassen ihn genau hinter dem Hindernis stoppen und schicken ihn dann mithilfe von Körper- und Stimm-Signal in die andere Richtung wieder um das Hindernis zurück. Mit einem »Profi« können Sie sogar trainieren, eine Baumgruppe zu umrunden oder eine Acht zwischen zwei Bäumen zu laufen. Dieses Spiel ist als Dauerbrenner für unterwegs ideal, weil es beinahe unendliche Möglichkeiten gibt, es zu variieren und auszubauen. Im Park zum Beispiel kann der Brunnen, die Sitzbank oder der kleine Teich ein Objekt zum Umrunden sein. Aber auch in der Wohnung ist es möglich, dieses Spiel mit Ihrem vierbeinigen Freund zu üben. Das macht Sie unabhängig von »Wind und Wetter«. Ein passendes Hindernis kann hier beispielsweise ein Stuhl sein, den Sie in die Mitte des Zimmers stellen oder der Tisch, wenn es um ihn herum genügend Bewegungsfreiraum gibt. Auch eine große Zimmerpflanze erfüllt den Zweck. Sie sehen, Ihrer Fantasie sind keine Grenzen gesetzt.

1. Objekt gefunden: Solch ein alleinstehender Baum lädt zum Umrunden ein. Biggi hat ihren Mischlingshund Joey zu sich herangerufen und lässt ihn an ihrer linken Seite »Sitz« machen.

2. Und los geht's: Biggi schickt ihren Joey mit Körper- und Stimm-Signal auf den Weg. Joey soll den Baum rechts herum umrunden und dann wieder zu ihr zurückkommen.

3. Gar nicht so einfach: Aus dieser Entfernung ist das schon etwas für Könner. Der Rüde hat das Umrunden schon auf vielen Spaziergängen geübt und ist richtig fit darin. Trotzdem bekommt er nach jeder perfekten Runde eine Belohnung.

4. Nimm zwei: Beide Hunde sollen den Baum in entgegengesetzter Richtung umrunden. Mithilfe von Stimme und Arm-Signal schickt Biggi die beiden los.

5. Hohe Anforderung: Lola soll Joey umrunden. Das erfordert große Konzentration und Disziplin, denn sie dürfen sich nicht gegenseitig beschnüffeln und müssen die Nähe des anderen Hundes aushalten. Diese Version eignet sich nur für Hunde, die sich kennen und mögen.

Slalom durch die Beine

Was trainiert wird: Hier geht es um Geschicklichkeit – und um richtig gute Teamarbeit! Denn Hund und Halter bewegen sich miteinander, und doch hat jeder seinen eigenen Part ...

Das brauchen Sie: Leckerlis, sportliche Kleidung (Rock, Kleid oder Mantel sind ungeeignet).

Dieses Spiel macht gute Laune! Die meisten Hunde lernen es recht schnell, wenn man nicht gleich zu viel von ihnen verlangt.

In jeder Hand ein Leckerli

Und das ist die Aufgabe: Sie gehen mit großen Schritten langsam vorwärts (später auch schneller), und Ihr Hund läuft auf ein Handzeichen von Ihnen in einer Slalom-Bewegung durch Ihre Beine hindurch. Dafür platzieren Sie ihn zunächst an Ihrer Seite, sodass er mit seiner Schulter parallel zu Ihrem Knie steht. In jeder Hand halten Sie ein Leckerli. Steht er beispielsweise an Ihrer rechten Seite, gehen Sie mit dem linken Bein einen großen Schritt vorwärts und locken den Hund mit der linken Leckerli-Hand durch Ihre Beine hindurch. Während er hindurchgeht, loben Sie ihn. Das Leckerli gibt es erst, wenn er parallel zu Ihrem linken Bein steht – erst dann zum nächsten Schritt ansetzen. Das ist wichtig, damit der Hund die Slalom-Bewegung nicht zu früh abbricht. Dann folgt der gleiche Ablauf, nun von links startend – dann rechtes Bein vor und den Hund mit dem Leckerli in der rechten Hand hindurchlocken.

Schwierigkeitsgrad langsam steigern

Wiederholen Sie die Übung zwei, drei Mal, bis der Hund den Bewegungsablauf verstanden hat. Dann können Sie die Slalomlänge schrittweise aufbauen. Ein Leckerli gibt es dann nicht mehr für jeden einzelnen Slalom-Schritt, sondern erst am Ende einer kleinen Schrittkette. Hören Sie jedoch mit dem Training auf, bevor der Hund lustlos wird.
In einem nächsten Schritt bauen Sie die Leckerlis zwischendurch ab. Dafür führen Sie ein deutliches Sichtzeichen ein: Soll der Hund von links nach rechts durchlaufen, geben Sie mit der linken Hand ein entsprechendes Richtungszeichen (→ Foto 4, Seite 51). Die Belohnung gibt es dann aus der rechten Hand. Klappt das gut, bleibt das Leckerli beim nächsten Mal in der Tasche. Der Hund bekommt es erst, wenn er durchgelaufen ist. Schließlich erhält er die Belohnung nur noch am Ende der Slalom-Kette. Auf diese Weise bekommen Sie einen flüssigen Slalom-Lauf hin. Ein eingespieltes Team kann das Ganze natürlich auch im Rückwärtsgang trainieren – dann aber wieder Schritt für Schritt ...

1. Reifen kennenlernen: Kleiner Hund, kleiner Reifen: Für den Yorkshire Terrier mit dem »großen« Namen Monster ist diese kleinste Hula-Hoop-Version genau richtig. Den Reifen durfte er zunächst beschnuppern und hat nun keine Angst mehr vor ihm.

2. Der erste Durchlauf: Sandra hat ihren kleinen Rüden zunächst »Sitz« machen lassen und lockt ihn nun mit einem Leckerli durch den Reifen. Dazu gibt sie ihm ein passendes Wort-Signal. Nach ein paar Probeläufen hat Monster verstanden, worum es geht.

springen geben. Dann können Sie den Abstand zum Hund langsam vergrößern, sodass er erst eine kleine Laufstrecke absolvieren muss, bevor er zum Sprung ansetzen kann. Belohnung nicht vergessen! Jede größere Distanz ist eine Herausforderung. Klappt es nicht, verkürzen Sie den Abstand wieder. Versuchen Sie nicht, den Hund mit kleinen Tricks zu höheren Sprüngen zu bewegen. Kurz vor dem Sprung den Reifen hochzureißen ist absolut tabu. Hier droht Verletzungsgefahr! Der Hula-Hoop-Reifen bietet viele lustige Spielmöglichkeiten: Legen Sie zwei oder drei der Reifen auf den Boden und schicken Sie Ihren Vierbeiner von einem zum anderen (→ Foto, Seite 12). In jedem Reifen absolviert der Hund eine Übung, zum Beispiel »Sitz« oder »Platz«. Für Kinder, die bereits gelernt haben, kleinere Aufgaben mit ihrem Hund zu trainieren, eignen sich Reifenspiele hervorragend.

3. Der erste Sprung: Auf weichem Boden ist diese Sprunghöhe für den Yorkie gut zu bewältigen. Sandra hält den Reifen weit genug vom eigenen Körper weg, sodass der Hund genügend Sprungfreiheit hat.

Das »Baumtouch«

Was trainiert wird: Hier bringen Sie dem Hund bei, selbstständig einer Richtungsanweisung zu folgen und dort eine bestimmte Handlung auszuführen.

Das brauchen Sie: Einen Clicker (→ Seite 96), einen Stab (zum Beispiel aus der Garten- oder Balkonarbeit) oder Target Stick (aus dem Zoofachhandel), ein Hindernis zum Berühren (hier einen Baum), Leckerlis.

Dieses Spiel lässt sich immer und überall – auch in der Wohnung – als kleine Aufmerksamkeitsübung einbauen. Der Hund berührt auf Ihr Signal hin ein Hindernis, das Sie ihm anzeigen (hier einen Baum). Voraussetzung ist, dass Ihr Hund mit dem Clickertraining vertraut ist (→ Seite 96/97).

Training mit dem Target Stick

Mithilfe des Clickers bringen Sie Ihrem Hund zunächst bei, einen Stab mit der Nase zu berühren, im Fachjargon spricht man vom »Target Stick«. Dafür stellen Sie sich zu Ihrem Hund, halten den Stab locker in der Hand und warten darauf, dass der Hund neugierig daran schnuppert. Für jedes Schnuppern am Stab gibt es ein Click! und ein sofortiges Leckerli. Hat der Hund verstanden, worum es geht, nämlich den Stab zu berühren, »formen« Sie sein Verhalten mithilfe des Clickers weiter: Nun soll der Hund lernen, den Stab nur noch am Ende zu berühren. Clicken Sie jedes Mal, wenn der Hund den Stab ein Stückchen weiter unten berührt (Leckerli nicht vergessen). Geht er mit der Nase zuverlässig nur noch ans Stabende, können Sie ihn nun mühelos überall hindirigieren, und zwar punktgenau. Und genau dieses Verhalten brauchen wir für dieses Spiel.

Ran an den Baum

In einem nächsten Schritt dirigieren Sie Ihren Hund mithilfe des Target Sticks an einen Baum – er hat ja gelernt, dem Stab mit der Nase zu folgen. Clicken Sie, wenn der Hund den Punkt am Baumstamm berührt, den Sie mit dem Stab kennzeichnen. Wenn der Hund verstanden hat, worum es geht, führen Sie ein Wort-Signal dazu ein, zum Beispiel »Ran an den Baum!«. Hat der Hund das Signal verinnerlicht, wird er den Baumstamm nun auch ohne Stab mit der Nase berühren, probieren Sie es aus. Gelingt ihm das noch nicht, gehen Sie einen Übungsschritt zurück (→ Experten-Tipp, Seite 29). Schließlich können Sie das Signal aus der Entfernung trainieren. Dafür treten Sie in kleinen Schritten immer weiter vom Baum zurück – bis Sie Ihren Hund über ein paar Meter schicken können. Lassen Sie sich für dieses Spiel Zeit.

1. Berührung üben: Amy folgt dem Stab und berührt den Baum an der Stelle, die die Stabspitze markiert. Dafür gibt es ein Click! und ein Leckerli.

2. Die Spannung steigt: Kirsten stellt sich einige Meter vor dem Baum auf. Sie bringt ihren Hund in die Sitz-Position. Bevor sie das Wort-Signal zum Baum-Berühren gibt, überprüft sie, ob Amy sie aufmerksam und gespannt anschaut.

3. Auf zum Baum: Erst dann schickt sie ihre Irish-Terrier-Hündin mit dem Signal »Ran an den Baum!« los. Der Arm zeigt dem Hund die Richtung an, Amy läuft zielstrebig auf den Baum zu.

4. Aufgabe gelöst: Die Hündin berührt den Baum auf der gewünschten Höhe. So hat sie es zuvor mit dem Target Stick und dem Clicker geübt.

Kunststücke für vierbeinige Showtalente

Was nach Zirkusnummer klingt, ist nichts anderes als eine besonders anschauliche Beschäftigung mit dem Vierbeiner. In engem Zusammenspiel zeigen Hund und Mensch erstaunliche Fertigkeiten, die sie Schritt für Schritt gemeinsam einstudiert haben – ohne Drill und ohne Druck, nur mit Freude, Spaß, Lob und Belohnung. Und das ist für beide eine tolle Leistung! Manches sieht nach leichter Übung aus, wie der »Kreisel«, bei dem der Hund lernt, sich auf Ihr Signal einmal um sich selbst zu drehen. Oder aber ganz schön schwierig, zum Beispiel das »High Five«, bei dem der Hund mit seinen Pfoten Ihre Hände abklatscht (→ Seite 61). Das Erstaunliche daran: Die Talente sind bei unseren Vierbeinern genauso unterschiedlich verteilt wie bei uns Menschen. Während der eine Hund eine komplexe Übung im Nu versteht und mühelos ausführt, hat der andere Probleme mit einer vermeintlich ganz einfachen Aufgabe … Deshalb kommt es auch hier wieder darauf an, die Fähigkeiten Ihres vierbeinigen Spielpartners richtig einzuschätzen, damit Sie das Training »typgerecht« gestalten können. Und falls Sie jetzt immer noch ein leichtes Unwohlsein beschleicht, wenn Sie an zirkusreife Nummern denken, trainieren Sie ganz einfach ohne Publikum: Den »Beifall« für Ihren Vierbeiner dürfen Sie aber trotzdem nicht vergessen! Den hat er sich schließlich für seine Bemühungen redlich verdient.

Das **High Five**

Was trainiert wird: Bei diesem kleinen Kunststück ist vor allem Geschicklichkeit gefragt. Ihr Hund lernt, seine Pfoten exakt auf Ihre Hände zu legen, und zwar in dem von Ihnen vorgegebenen Rhythmus.

Das brauchen Sie: Einen rutschfesten Untergrund, damit der Hund sicher sitzt, Leckerlis.

Das Abklatsch-Spiel »High Five« lernen viele Hunde recht schnell, auch wenn die Übung zunächst kompliziert aussieht. Die meisten haben sichtlich Spaß am Training – vielleicht, weil sich die Zuschauer besonders freuen, wenn es klappt. Die Geste stammt ursprünglich aus den USA. Sie ist dort zum Beispiel unter Sportlern üblich, wenn es einen Erfolg zu »beklatschen« gibt.
Hat ein Spieler einen tollen Spielzug oder gar ein Tor vollbracht, hält ihm ein anderer eine Handfläche etwa in Kopfhöhe hin (»high«), woraufhin der erfolgreiche Spieler mit allen fünf Fingern seiner Hand (»five«) mit einem lauten Klatschen darauf schlägt – Ausdruck der gemeinsamen Freude. Außerhalb des Sports wird »High Five« oft zwischen zwei Personen ausgetauscht, wenn sie unbedingte Zustimmung ausdrücken wollen bzw. sich über etwas absolut einig sind.

Ziel des Spiels

»High five«, oft auch »Gimme five« genannt, gibt es in vielfacher Abwandlung. Wir üben mit dem Hund das unter Kindern übliche Abklatschen im Dreier-Rhythmus. Dafür gehen Sie vor dem Hund in die Hocke, klatschen zunächst in beide Hände, halten ihm dann eine Hand in Kopfhöhe hin, auf die der Hund die gleichseitige Vorderpfote legt, dann klatschen Sie erneut, halten ihm Ihre andere Hand hin – der Hund reagiert mit seiner anderen Pfote. Dann gibt es ein drittes Klatschen, und Sie strecken dem Hund beide Hände hin – woraufhin der Hund sich aufrichtet, um schließlich beide Vorderpfoten auf Ihre Hände zu legen.

Erst mal ein Pfötchen ...

In einem ersten Schritt bringen Sie dem Hund bei, die Vorderpfoten in Kopfhöhe zu heben, zum Beispiel so: Sie lassen den Hund »Sitz« machen, nehmen ein Leckerli in die Hand und führen die Hand so weit über seine Schnauze, bis er schließlich versucht, mit einer Pfote daran zu kommen. Berührt er dabei mit der Pfote Ihre erhobene Hand, bekommt er das Leckerli als Belohnung. Hat der Hund die Bewegung grundsätzlich verstanden, üben Sie das Gleiche mit der anderen Pfote. Klappt das auf beiden Seiten, üben Sie nun ohne Leckerli in der jeweiligen Abklatschhand. Legt der Hund seine Pfote in Ihre Handfläche, gibt es das Leckerli

aus der anderen Hand. Trainieren Sie beide Seiten, bis das gut funktioniert. Üben Sie diese einzelnen Schritte aber nicht zu oft, sondern bauen Sie die Bewegungsabläufe langsam auf – zwei, drei Mal pro Durchgang sind genug.

Beide Pfoten gleichzeitig

Dann geht es zum etwas schwierigeren Part dieser Übung: Der Hund soll beide Pfoten in Ihre ausgestreckten Hände legen und sich dafür auf die Hinterbeine setzen. Wieder beginnen Sie mit einer Futterbelohnung in der Hand, die Sie dann über seine Schnauze führen, bis er mit den Pfoten danach greift – dieses Mal aber mit beiden. Tut er das, gibt es die Belohnung dafür. Versucht er es nur mit einer Pfote, nehmen Sie Ihre Hände etwas höher. Wichtig: Der Hund soll dabei sitzen bleiben. Stellt er sich jedoch auf die Hinterbeine, waren die Hände zu hoch – probieren Sie die richtige Höhe aus. Je größer der Hund ist, desto mehr hat er damit zu tun, die Balance zu halten. Bauen Sie das Aufrichten unbedingt langsam auf. Belohnen Sie jedes Stückchen, das der Hund weiter nach oben schafft – bis Ihr Vierbeiner tatsächlich beim Abklatschen auf den Hinterläufen sitzt.

Und nun im Dreier-Rhythmus

Wenn Ihr Hund alle einzelnen Bewegungen sicher beherrscht, können Sie die komplette Übung im Dreier-Rhythmus trainieren: Händeklatschen, rechte Hand, linke Pfote, Händeklatschen, linke Hand, rechte Pfote, Händeklatschen, beide Hände, beide Pfoten.

Ein Wort-Signal brauchen Sie für diese Übung nicht unbedingt (Sie können aber eines einführen), denn das Händeklatschen hat einen so starken Aufforderungscharakter, dass Ihr Hund mit Sicherheit darauf reagieren und schnell begreifen wird, was Sie von ihm erwarten. Und nun viel Spaß bei diesem lustigen Spiel.

1. Pfote hoch: Georg bringt Monokel bei, die Pfote in die Höhe zu recken, um damit seine Hand zu erreichen. Anfangs gibt es eine Belohnung, sobald die Hündin die Pfote anhebt, dann nur noch, wenn sie ein Stückchen weiter hoch »greift« – bis sie die Handfläche erreicht hat.

2. Seitenverkehrt: Hier klappt es schon recht gut, die Pfote ist fast ganz oben. Allerdings bietet Monokel hier die falsche Seite an: Wenn Georg seine rechte Hand hebt, soll Monokel spiegelverkehrt mit der linken Pfote reagieren.

3. Linke Hand, rechte Pfote: So ist es richtig. Herrchen hält seiner Dalmatinerhündin die linke Handfläche in Kopfhöhe hin, die Dalmatinerhündin legt ihre rechte Pfote hinein.

4. Alles klar: Nun klappt es auf beiden Seiten. Auf die ausgestreckten Handflächen von Georg reagiert Monokel mit der richtigen Pfote.

5. Perfekt: Monokel hat den gesamten Bewegungsablauf verstanden und sitzt für das Abklatschen mit beiden Händen bzw. Pfoten fast ganz aufrecht auf ihren Hinterläufen.

Die **Rolle**

Was trainiert wird: Wenn Hunde sich wohlfühlen, wälzen sie sich gern. Mit Ihrer Hilfe wird daraus eine kleine Koordinationsübung.

Das brauchen Sie: Einen weichen Untergrund für die Rollbewegung des Hundes.

Für dieses kleine Kunststück sollte Ihr Hund das Signal »Platz« beherrschen, weil Sie mit dem Aufbau der Übung aus dieser Position heraus starten. Wenn die Übung beendet ist, genügt ein Sicht- und Wort-Signal, damit der Hund auf dem Boden eine Seitwärts-Rolle absolviert und schließlich wieder auf allen vieren landet.

Nicht mit vollem Magen

Geübt wird nur, wenn der Hund seine Mahlzeit vollständig verdaut hat und nicht gerade intensiv am Wassernapf war. Denn mit vollem Magen, ob Futter oder viel Wasser, besteht für die Vierbeiner die Gefahr einer Magendrehung.

Sicher in die Seitenlage

Lassen Sie Ihren Hund zunächst »Platz« machen. Gehen Sie zu ihm in die Hocke und bringen Sie ihn mit einer Futterbelohnung in der Hand allmählich dazu, sich auf die Seite zu legen. Folgt er Ihrer Hand ein Stück weit, geben Sie ihm das Leckerli. Üben Sie das in Etappen so oft, bis Ihr Vierbeiner seitlich auf dem Boden liegt. Braucht Ihr Hund viele Schritte bis dahin, verteilen Sie die Übung am besten über einen oder mehrere Tage. Im nächsten Schritt führen Sie die Hand mit der Futterbelohnung Richtung Hundeknie, über die Lendenwirbelsäule nach hinten. Nun muss sich der Hund aus der Seitenlage herumdrehen, um an das Leckerli zu kommen. In dieser Phase können Sie auch das Wortsignal einführen, zum Beispiel »Rolle«. Sagen Sie es jedes Mal, kurz bevor der Hund von der einen Seite auf die andere rollt.

Auf die Beine

Wenn Ihr Vierbeiner die Drehung beherrscht, belohnen Sie den nächsten Schritt: Ihr Hund soll sich aus der Drehung wieder auf alle viere erheben. Dafür zögern Sie die Leckerli-Gabe nach der seitlichen Drehung so lange heraus, bis der Hund sich unaufgefordert wieder auf alle vier Pfoten stellt. Allmählich können Sie bei der Übung immer weiter in die Höhe gehen und Ihre Hilfestellung mit der Hand nur noch andeuten. Daraus entwickeln Sie Ihr Sichtzeichen, zum Beispiel eine Kreisbewegung mit dem Zeigefinger. Diese kleine Übung lässt sich gut clickern (→ Seite 96). Für jeden Fortschritt der Drehung gibt es einen Click und eine Futterbelohnung.

1. Am Anfang ist das »Platz«: Jakob und Pepe, ein 15 Monate alter Border Terrier, sind bereits ein eingespieltes Team. Zu ihrem Spiele-Repertoire gehört auch die Rolle. Für den Übungsaufbau bringt Jakob seinen Hund zunächst einmal in die »Platz«-Position.

2. Verlockendes Leckerli: Jakob hat ein Leckerli in der Hand, mit dem er seinen kleinen Border Terrier aus dem Platz in die Seitenlage lockt.

3. Einmal drehen: Pepe hat die Bewegung verstanden. Er legt sich bereitwillig auf die Seite. Jakob führt das Leckerli über Pepes Kopf auf die andere Seite – und schwupp, dreht sich der kleine Hund geschickt mit herum.

4. Perfekte Rolle: Wenn das Herumdrehen klappt, gibt es das Leckerli erst, nachdem Pepe wieder aufsteht.

Sprung durch die Arme

Was trainiert wird: Ihr Hund lernt, in engem Kontakt mit Ihnen einen Sprung zu absolvieren. Dafür muss er Absprung und Höhe genau auf Ihre Körperhaltung abstimmen. Auch eine gute Fitness-Übung.

Das brauchen Sie: Einen weichen Boden, Leckerlis.

Wenn Sie einen springfreudigen, nicht zu großen Hund haben, ist dieses Kunststück genau das Richtige für Sie beide! Bauen Sie die Übung Schritt für Schritt auf, damit der Sprung schließlich sicher und elegant gelingt. Zunächst lernt Ihr Hund, über ein »menschliches Hindernis« zu springen, nämlich Ihren Arm. Gehen Sie zunächst in die Hocke und strecken Sie einen Arm seitlich aus. Berühren Sie mit der Hand einen Pfahl, einen Baum, einen Zaun oder Ähnliches, dann kann der Hund beim Sprung nicht seitlich ausweichen. Locken Sie Ihren Vierbeiner mit einem Leckerli in der anderen Hand über Ihren Arm, und loben Sie ihn überschwänglich, wenn er darüberspringt.

Der Kreis schließt sich

Wenn das problemlos klappt, können Sie sich allmählich von der seitlichen Begrenzung entfernen und den Hund »frei« über Ihren ausgestreckten Arm springen lassen. Üben Sie das, bis der Hund auf Ihr Signal hin sicher darüberspringt. Halten Sie den Arm dabei aber noch nicht zu hoch, bleiben Sie in der Hocke. Ganz allmählich nehmen Sie den zweiten Arm hinzu und halten ihn dann über den Sprungarm, sodass der Hund die obere Begrenzung kaum wahrnimmt. Gelingt das gut, können Sie den Kreis immer weiter schließen, bis der Hund schließlich ohne Probleme hindurchspringt. In dieser Übungsphase können Sie auch Ihr Wort-Signal einführen. Trainieren Sie das geduldig in kleinen Etappen, aber keinesfalls zu oft. Zwei, drei Durchgänge genügen, dann ist wieder eine Pause angesagt. Für jeden Sprung gibt es ein dickes Lob und ein kurzes Spiel oder Leckerli als Belohnung.

Mitlaufen motiviert

Gelingt es Ihrem Hund sicher, durch Ihre Arme zu springen, richten Sie sich Stück für Stück auf. Achten Sie darauf, dass Sie jede neu gewonnene Sprunghöhe zunächst »festigen«, bevor Sie noch ein Stückchen höher gehen. Passen Sie Ihre endgültige Position sehr genau der Größe und Sprungkraft Ihres Vierbeiners an. Er soll den Sprung bequem nehmen können. Manchen Hunden gelingt das Springen durch die Arme mit etwas Anlauf besser. Um ihn zum Heranlaufen und Sprung zu motivieren, können Sie anfangs eine zweite Person bitten, mitzulaufen und den Hund dabei anzufeuern.

1. Ein Baum als Begrenzung: Der Sprung über den Arm gelingt am besten, wenn man anfangs für eine seitliche Begrenzung sorgt. Mit der anderen Hand wird Amy zum Springen verlockt.

2. Freier Sprung: Amy hat keine Berührungsängste mehr und springt nun auch »frei«, also ohne seitliche Begrenzung über Kirstens Arm.

3. Halber Kreis: Kirsten nimmt den zweiten Arm schon mal hinzu – anfangs noch so, dass die Irish-Terrier-Hündin ihn kaum wahrnimmt.

4. Geschlossener Kreis: Es klappt auch im Stehen. Die Arme werden dafür zu einem Kreis geschlossen. Der Hund springt von hinten nach vorne durch.

Sprung auf den **Rücken**

Was trainiert wird: Ihr Hund lernt, seine Sprungbewegung so gut zu koordinieren, dass er sicher auf Ihrem Rücken landet und sich dort gut ausbalanciert.

Das brauchen Sie: Weichen Boden, eine zweite Person, Leckerlis, evtl. Clicker und Target Stick (→ Seite 58/96).

Ein kleiner Hund und ein großes Kind – das ideale Team für diese sportliche Übung. Aber natürlich dürfen auch Erwachsene mitspielen. In diesem Fall sorgt das Training nicht nur bei Ihrem Vierbeiner für Fitness, sondern auch bei Ihnen. Der Sprung auf den Rücken des Menschen ist schnell erlernt, wenn der Hund grundsätzlich keine Probleme damit hat, seinem Menschen so dicht »auf den Pelz« zu rücken.

Am besten zu zweit

Ihre Ausgangsposition ist der Vierfüßler-Stand, Ihr Hund sitzt vor Ihrer Körperseite. Eine zweite Person soll den Hund nun dazu bringen, sich Ihrem Rücken zu nähern, um schließlich daraufzuspringen. Dafür stellt sich Ihre »Hilfskraft« dem Hund gegenüber auf die andere Seite und lockt ihn mit einem Leckerli in der Hand Richtung Ihres Rückens. Diese Übung lässt sich auch gut mit Clicker und Target Stick aufbauen. Das geht so: Die Hilfskraft hält den Target Stick an Ihren Rücken. Sobald der Hund den Stick berührt, gibt es dafür einen Click. Nehmen Sie den Stick schrittweise höher, bis der Hund mit den Vorderpfoten auf den Rücken geht und schließlich springt. Jetzt können Sie auch das entsprechende Signal einführen. Damit der Hund nicht einfach über Ihren Rücken oder gleich wieder hinunterspringt, kann sich die assistierende Person so nah an Ihren Rücken stellen, dass sie eine »natürliche« Begrenzung für den Hund darstellt.

EXPERTEN-TIPP

Auflösungs-Signal einführen

In Ihre Vokabelliste für die Signale, die Sie für das Training mit Ihrem Hund verwenden, gehört unbedingt auch ein Auflösungs-Signal: Damit sagen Sie dem Hund, dass die jeweilige Übung beendet ist. Fehlt das Signal, löst er jedes Spiel, jede Übung zwangsläufig selbst auf, und zwar zu einem Zeitpunkt, der ihm passt. Überlegen Sie sich, womit Sie auflösen wollen, zum Beispiel mit »Weiter« oder »Los«.

1. Gleich geht's los: Jakob geht in den Vierfüßler-Stand, Pepe wird daneben gesetzt. Linus, Jakobs Bruder, hat ein Leckerli und einen Clicker in der Hand. Jakob fordert Pepe zum Sprung auf. Linus clickt, sobald Pepes Pfoten den Rücken berühren.

2. Sprung gelungen: Der kleine Border Terrier Pepe ist für ein Kunststückchen immer zu haben. Den Sprung auf Jakobs Rücken hat er in »null Komma nichts« gelernt.

3. Sicherer Stand: Pepe hat gelernt, seinen Körper so auszubalancieren, dass er sicher auf Jakobs Rücken steht. Dort bleibt er so lange, bis das Signal »Runter!« erfolgt. Dieses kleine Kunststück ist tatsächlich fast »zirkusreif«. Pepe und Jakob ernten entsprechend viel Applaus, wenn sie Zuschauer haben.

Mehrere Wort-Signale

Führen Sie für diese Übung nicht nur ein Wort-Signal für das Hinaufspringen (zum Beispiel »Rauf!«) ein, sondern auch für das Hinunterspringen (»Runter!«). Auf diese Weise können Sie dem Hund beibringen, so lange oben stehen zu bleiben, bis Sie ihn zum Hinunterspringen auffordern. Mit viel Training gelingt es schließlich, dass Ihr Hund auch ohne eine zweite Person auf Ihren Rücken springt. Üben Sie das kleine Kunststück ganz geduldig, zum Beispiel, indem Ihre Assistentin oder Ihr Assistent sich immer weiter entfernt.

Rückwärts **gehen**

Was trainiert wird: Für diese Übung muss sich Ihr Hund – auch aus der Entfernung – stark auf Sie konzentrieren. Das gelingt nur über einen permanenten Blickkontakt.

Das brauchen Sie: Leckerlis als Belohnung, Clicker (→ Seite 58 und 96), eventuell eine Leine.

Diese anspruchsvolle Übung lässt sich gut in den täglichen Spaziergang einbauen.

Ein Schritt zurück

Nehmen Sie Ihren Hund zu sich, sodass er frontal vor Ihnen steht. Gehen Sie nun ruhig und langsam auf ihn zu, bis er einen Schritt zurücktritt – Click! und Leckerli. Sehr wichtig dabei: weder nach vorn beugen noch zu forsch auf den Hund zugehen, damit er Ihre Annäherung nicht als Bedrohung empfindet. Üben Sie das öfter zwei bis drei Mal hintereinander (über einige Tage verteilt), bis der Hund offensichtlich verstanden hat, dass es Ihnen um die Rückwärts-Bewegung geht.

Schritt für Schritt

Jetzt kommt der zweite Schritt. Dafür gehen Sie wieder ruhig, freundlich und ohne sich vorzubeugen auf den Hund zu, clicken aber erst, wenn er einen zweiten Schritt anbietet. So steigern Sie seine Schrittzahl allmählich, bis er vier oder fünf Rückwärtsschritte sicher anbietet. Dann können Sie ein Wort- und Sicht-Signal einführen, zum Beispiel »Zurück!«, während Sie die Arme hinten auf den Rücken verschränken. Versuchen Sie nun, Ihren Hund rückwärts zu schicken (ohne mitzugehen). Der Hund steht Ihnen wieder gegenüber, doch dieses Mal gehen Sie nicht auf ihn zu, sondern geben nur das Wort- und Sicht-Signal. Warten Sie geduldig ab. Bietet der Hund die kleinste Rückwärts-Tendenz an, clicken Sie – und bauen so ganz allmählich auf, dass er auch ohne Ihre Hilfe rückwärts geht. Sollte sich der Hund beim Rückwärtsgehen hinsetzen, gibt es zwei Möglichkeiten: Sie warten (ohne ein Signal) ab, bis er von selbst wieder aufsteht, clicken ihn dafür (und Leckerli) und setzen die Übung fort. Oder Sie nehmen ihn an die Leine (falls er abgeleint war), gehen zwei, drei Schritte rückwärts – der Hund folgt – und beginnen die Übung an dieser neuen Position noch einmal. Wichtig fürs Timing: Clicken Sie noch während der Rückwärts-Bewegung und nicht erst, wenn der Hund bereits gestoppt hat, sonst könnte er den Click als Bestätigung für das Stehenbleiben missverstehen. Beherrscht der Hund bereits drei Schritte sicher rückwärts und Sie wollen nun einen vierten Schritt trainieren, müssen Sie, während er den vierten Schritt macht, clicken.

1. Blickkontakt: Alexandra hat Pluto zu sich heran gerufen und einen Blickkontakt zu ihrem Kangal-Mix hergestellt. Nun ist Konzentration angesagt: Pluto soll einen Schritt rückwärts gehen.

2. Ruhig und aufrecht: Alexandra geht einen Schritt auf ihren Hund zu, langsam und aufrecht – Pluto weicht einen Schritt zurück. Wichtig dabei: Sobald der Hund Stress-Signale zeigt, die Übung abbrechen (die eigene Vorgehensweise überprüfen – vielleicht fühlt sich Ihr Vierbeiner von Ihnen bedroht) und nach einer kleinen Pause in Ruhe erneut beginnen.

3. Der Rückwärtsgang: Pluto kennt das Signal bereits. Alexandra sagt »Zurück!« und verschränkt dabei die Hände auf dem Rücken. Der Rüde läuft sehr schön gerade zurück. Darauf hat Alexandra von Beginn an geachtet.

4. Acht Schritte rückwärts: Alexandra bleibt stehen und gibt ihrem Hund nur das Wort- und Sicht-Signal: Pluto lässt sich problemlos sieben bis acht Schritte rückwärts schicken. Dieses Kunststück haben die beiden über Wochen immer wieder geübt.

»Twist« oder sich drehen

Was trainiert wird: Hier ist Aufmerksamkeit und Koordination gefragt, denn der Hund soll sich einmal um die eigene Achse drehen, ohne dabei zu springen oder seitlich auszuweichen.

Das brauchen Sie: Eventuell einen Clicker und einen Target Stick (→ Seite 58 und 96), Leckerlis.

Twist ist das englische Wort für »Drehung« (auch ein Element im Trend-Sport Dog Dance). Der Hund dreht sich dabei einmal um die eigene Achse. Anfangs gibt es für jede kleine Bewegung in die richtige Richtung ein Leckerli, schließlich nur noch für die ganze Drehung. Auch mit dem Target Stick kann man den Hund gut »an der Nase herumführen« (→ Seite 58). Und das geht so: Einen Click gibt es immer dann, wenn der Hund dem Target Stick mit der Nase folgt und ihn berührt.

Eine Körperbiegung ist das Ziel

Positionieren Sie den Hund zunächst stehend möglichst neben oder vor sich, sodass Sie seine Schnauze gut mit Ihrer Hand erreichen. Nehmen Sie ein Leckerli in die Hand. Halten Sie es ihm etwas unterhalb der Schnauze vor die Nase und führen Sie Ihre Hand langsam in einem Bogen von sich weg. Belohnen Sie ihn, wenn der Hund Ihrer Kreisbewegung mit einer Körperbiegung ein Stück weit folgt. Das klingt einfach, will aber gelernt sein. Denn der Hund geht anfangs womöglich ein paar Schritte zurück, um an die Leckerli-Hand heranzukommen, oder er macht einen langen Hals und springt der Hand dann mit einem Satz hinterher.

In kleinen Etappen üben

Die Kreisbewegung wird in kleineren Etappen geübt. Führen Sie Ihren Vierbeiner dafür in die Grundposition zurück. Halten Sie ihm die Leckerli-Hand tief vor die Nase und führen Sie Ihre Hand nur ein kleines Stück seitwärts. Nimmt er nun den ganzen Körper mit in eine Vorwärtsbewegung, loben und belohnen Sie ihn. Wenn Sie den Kreis auf diese Weise in sehr kleinen Einheiten üben, hat der Hund die Drehbewegung meist schnell raus. Nun können Sie auch Ihr Wort-Signal dafür einführen, zum Beispiel »Twist!«. Wenn der Hund Ihrer Leckerli-Hand mit einer sauberen Drehung folgt, belohnen Sie nur noch, wenn er ganz herum und wieder in der Grundposition angekommen ist. Dann halten Sie in der führenden Hand kein Leckerli mehr, sondern belohnen ihn aus der anderen Hand. Gelingt das sicher, nehmen Sie die Hand allmählich immer höher. Schließlich genügt Ihr Wort-Signal und eine kleine kreisende Handbewegung, damit der Hund eine Drehung vollführt.

1. Dem Leckerli folgen: Die französische Schäferhündin Amy ist ein erfahrener »Trickhund«. In der rechten Hand hält Frauchen Claudia ein Leckerli. Damit führt sie den Hund in eine Kreisbewegung hinein.

2. Belohnung in Etappen: Anfangs hat jede kleine Drehung in die richtige Richtung ein Lob und eine Belohnung verdient.

3. Fast vollendet: Die Drehung ist fast perfekt, Amy folgt noch immer dem Leckerchen in Frauchens Hand. Dabei dreht sie sich sehr schön auf der Stelle.

4. Amy hat den Dreh raus: Schließlich macht Claudia noch eine Kreisbewegung mit der Hand und gibt ein Wort-Signal dazu, die französische Schäferhündin dreht sich einmal um sich selbst.

Sprung durch die Beine

Was trainiert wird: Koordination und Aufmerksamkeit sind gefragt, wenn der Hund im richtigen Timing durch das Beindreieck von Herrchen oder Frauchen springt.

Das brauchen Sie: Weichen Boden, Leckerlis (oder ein Spielzeug), evtl. Target Stick und Clicker (→ Seite 58/96).

Für viele kleine Hunde ist dieses Kunststückchen keine große Sache. Die meisten lernen es im Nu. Diese Übung eignet sich auch gut für Kind und Hund, wenn die beiden bereits gelernt haben, miteinander zu trainieren.

Erstmal nur durchlaufen

Beginnen Sie damit, dem Hund mögliche Berührungsängste zu nehmen. Dafür stellen Sie sich zunächst breitbeinig auf, der Hund sitzt oder steht hinter Ihnen. Locken Sie ihn nun mit einem Leckerli (oder einem Spielzeug) durch das Beindach hindurch und loben Sie ihn kräftig, wenn der Hund Ihrer Hand mit Leckerli oder Spielzeug folgt. Mit dem Target Stick geht es so: Sie halten den Stab zunächst zwischen, dann vor die gegrätschten Beine. Der Hund steht hinter Ihnen. Für jede Berührung mit der Schnauze gibt es ein Click und Leckerli. Je nachdem, wie vorsichtig Ihr Hund unter Ihnen hindurchläuft, schließen Sie die Beine allmählich, so dass der Durchgang immer ein klein wenig enger wird. Ziel ist, dass der Hund ohne Anzeichen von Berührungsangst mitmacht.

Gelingt das, winkeln Sie in einem nächsten Schritt einen Fuß an den anderen an, sodass ein Dreieck entsteht. Locken Sie den Hund hindurch. Anfangs genügt es völlig, wenn der Hund über die Fuß-Hürde hinübersteigt. Das sichere Hindurchgehen durch die Beine und das Überschreiten der Fuß-Hürde sind zwei Schritte, die Sie nacheinander sicher aufbauen sollten. Klappt das gut, können Sie den Hund zum Springen über die Fuß-Hürde motivieren. Dazu motivieren Sie ihn mit freundlicher Stimme und halten die lockende Hand (oder den Target Stick) etwas höher. Auch den Sprung immer nur zwei, drei Mal trainieren. Wenn der Sprung sicher klappt, führen Sie das Signal ein – und zwar kurz vor dem Absprung.

Weiche Landung

Wenn Ihr Hund den Sprung mühelos bewältigt, können Sie den Fuß ein wenig höher anwinkeln. Oder Sie stellen sich in einiger Entfernung vor Ihren Hund auf und lassen ihn dann auf Ihr Signal hin mit etwas Anlauf durch die Beine springen (Entfernung ganz allmählich steigern!). Achten Sie darauf, dass Ihr Vierbeiner den Sprung locker bewältigt und weich landet.

1. Der erste Durchlauf: Anfangs lockt Jenny ihren zweijährigen Prager Ruttler Bobby mit einem Leckerli durch ihre gegrätschten Beine hindurch, bis er das mühelos und ohne jede Berührungsangst macht.

2. Kleiner Sprung: In einer zweiten Trainingseinheit winkelt Jenny ihren Fuß an das andere Bein an. Nun wird die Sache für Bobby etwas schwieriger. Der kleine Hund folgt der Leckerli-Hand ohne zu zögern.

3. Großer Sprung: Jenny steht aufrecht, ein Bein angewinkelt. Ihr Hund Bobby springt auf ihr Signal hin durch die Beine. Dafür bekommt er ein dickes Lob und ein Leckerli, das seine Motivation hoch hält.

Spielzeug **aufräumen**

Was trainiert wird: Hier sind selbstständiges Arbeiten und »Köpfchen« gefragt: Der Hund verknüpft zwei Tätigkeiten zu einer Handlungskette miteinander.

Das brauchen Sie: Ein Spielzeug, einen Korb, Eimer, eine Kiste oder Schüssel, Leckerlis, Clicker (Seite 58/96).

Hier hat alles seine Ordnung: Lassen Sie Ihren Hund sein Spielzeug selbst aufräumen!

Spielzeug und Spielzeugkiste

Zunächst bringen Sie dem Hund bei, ein Spielzeug aufzunehmen und eine Weile im Maul zu tragen. Das ist eine schöne Clickerübung (→ Seite 96). Legen Sie ein Spielzeug in die Nähe des Hundes und clicken Sie, wenn er mit der Nase drangeht (Leckerli nicht vergessen). Hat er verstanden, dass es Ihnen um das Spielzeug geht, clicken Sie als nächsten Schritt, wenn er das Spielzeug aufnimmt, bis auch das sicher verstanden ist. Dann clicken Sie erst wieder, wenn Ihr Vierbeiner das Teil eine Weile im Maul hält. Dabei ist das Timing wichtig: Der Click muss erfolgen, während der Hund das Spielzeug hält und nicht, wenn er es gerade fallen lässt. Denn dann hält er das Loslassen für die Aufgabe. In einer zweiten Trainingseinheit bringen Sie dem Hund bei, in den Behälter zu schauen, den Sie für das Aufräum-Spiel vorgesehen haben. Das Spielzeug wird zunächst wieder weggeräumt. Clicken Sie anfangs, sobald sich der Hund dem Behälter nähert (fordern Sie ihn auch hier weder mit Wort- noch Sicht-Signal dazu auf). Hat er begriffen, dass es um dieses Teil geht, gibt es den nächsten Click erst, wenn er den Behälter mit der Nase berührt. Klappt das sicher, soll der Hund in den Behälter hineinschauen – dafür clicken und belohnen Sie ihn.

Handlungen verknüpfen

Klappt beides sicher – Spielzeug aufnehmen und in den Behälter schauen –, wird die Verknüpfung geübt: Spielzeug in den Behälter. Dafür legen Sie beide Teile vor Ihren Hund hin. Nimmt er den Gegenstand auf und wendet seinen Kopf damit Richtung Behälter oder geht gar einen kleinen Schritt darauf zu, clicken Sie. Wiederholen Sie das – in mehreren Trainingseinheiten – so oft, bis der Hund verstanden hat, dass er mit dem Spielzeug zum Behälter gehen soll. Die nächsten Clicks gibt es etappenweise, wenn er dem Behälter mit dem Spielzeug in der Schnauze recht nahe kommt, ganz nahe ist, schließlich in den Behälter schaut – und zu guter Letzt das Spielzeug in den Behälter fallen lässt. Erst wenn die ganze Handlungskette zuverlässig funktioniert, führen Sie das Signal ein, also kurz vor Aufnehmen des Spielzeugs.

1. Spielzeug tragen: Zuerst lernt der 15 Monate alte Border Terrier Pepe, sein Spielzeug aufzunehmen und es ein Stück zu tragen. Jeden kleinen Erfolg hat Jakob mit einem Click bestätigt.

2. Blick in den Korb: In einer zweiten Trainingseinheit bringt Jakob Pepe bei, in den kleinen Korb zu schauen. Dafür hat er zunächst jede Annäherung an den Korb geclickt, dann, wenn Pepe den Korb mit der Nase berührte und schließlich nur noch fürs Hineinschauen.

3. Pepe hat begriffen: Nun soll Pepe lernen, mit dem Spielzeug in der Schnauze Richtung Korb zu gehen. Dafür gab es zunächst schon einen Click, wenn der Hund mit dem Spielzeug nur in Richtung Korb schaute. Hier hat Pepe bereits gut verstanden, dass er zum Korb hingehen soll.

4. Alles aufgeräumt: Auf das Signal »Aufräumen!« hin nimmt Pepe das Spielzeug, läuft damit zum Korb und lässt es hineinfallen. Das funktioniert inzwischen auch ohne Clicker, weil er die Handlungskette mit dem Signal verbunden hat. Bauen Sie diese Übung über einige Tage auf – je nachdem, wie schnell Ihr Hund versteht, worum es geht.

Kappe vom **Kopf** holen

Was trainiert wird: Koordination und selbstständiges Arbeiten stehen bei diesem lustigen Kunststück im Vordergrund. Das enge Zusammenspiel fördert die Bindung.

Das brauchen Sie: Eine Kappe (mit »Schirm«), Leckerlis, einen Clicker (→ Seite 58 und 96).

Diese Nummer ist wirklich zirkusreif: Auf Ihr Signal hin zieht Ihr Hund Ihnen die Kappe vom Kopf. Ideal an heißen Tagen, und immer ein Publikumserfolg. Das Training dafür ist nicht schwierig. Es eignet sich sehr gut als Clickerübung (→ Seite 58 und 96).

Ran an die Kappe

Zunächst sollte der Hund lernen, die Kappe mit der Schnauze vorn am Schirm zu fassen. Dafür gehen Sie in die Hocke und legen die Kappe vor ihm hin. Sie brauchen ihm kein Signal zu geben, sondern warten einfach ab, bis er neugierig an der Kappe schnüffelt. Dafür gibt es ein Click und ein Leckerli.

Wiederholen Sie das einige Male und legen Sie dann eine längere Pause ein, bevor Sie das Ganze noch einmal durchführen (eventuell auch erst am nächsten Tag).

Den Kappen-Schirm aufnehmen

Hat der Hund verstanden, dass es um die Kappe geht, üben Sie den nächsten Schritt mit ihm ein. Nun soll er die Kappe mit der Schnauze aufnehmen. Deshalb clicken Sie nun nicht mehr, wenn der Hund die Kappe mit der Schnauze berührt, sondern warten ab. Der Hund merkt auf diese Weise, dass ein bloßes Beschnüffeln nicht mehr genügt und wird »stärkere« Handlungen anbieten. Sobald er dabei die Kappe mit der Schnauze aufnimmt, clicken Sie – bis er auch das verstanden hat.

Kappe vom Kopf ziehen

Nun geht es in die Höhe: Setzen Sie sich die Kappe auf den Kopf, anfangs noch so lose, dass sie einfach herunterzuziehen ist. Nun beugen Sie sich dem Hund ein wenig entgegen, bis er auf die Idee kommt, an der Kappe zu schnüffeln – Click und Belohnung. Nun bauen Sie die Handlung schrittweise auf, bis der Hund die Kappe vom Kopf zieht. Mit dem Clicker-Prinzip kann das sehr schnell funktionieren. Wenn der Hund einen Schritt sicher beherrscht – beispielsweise nimmt er die Kappe in die Schnauze – clicken Sie dafür nicht mehr, sondern warten ab, bis er stärker daran zieht – dafür bekommt er dann wieder so lange ein Click, bis das sicher funktioniert. Das Signal-Wort führen Sie ein, wenn die Übung sicher funktioniert, zum Beispiel »Kappe vom Kopf!«.

1. Kappe berühren: Innerhalb einer Woche haben Caro und Toni das Kunststück eintrainiert. Anfangs clickt Caro immer dann, wenn Toni die Kappe mit der Schnauze berührt.

2. Kappe ins Maul nehmen: Nun clickt Caro bei ihrem kleinen Mix nicht mehr das Berühren der Kappe, sondern wartet ab, bis er die Kappe vorn am Schirm aufnimmt. Das übt sie mit ihm mehrmals, bis Toni die Aufgabe sicher löst.

3. Kappe vom Kopf ziehen: Caro hält Toni ihren Kopf mit der Kappe entgegen, um ihn zum Berühren zu motivieren. Das klappt gut. Toni nimmt gleich den Schirm in die Schnauze. Dafür bekommt er ein Click und ein Leckerli.

4. Kunststück vollendet: Sobald Toni verstanden hat, was seine Aufgabe ist, führt Caro das Signal »Kappe vom Kopf!« dazu ein. Dass die Frisur bei diesem Kunststück ein wenig leidet, stört weder Hund noch Frauchen ...

Die perfekte **Verbeugung**

Was trainiert wird: Koordination und Aufmerksamkeit trainiert der Hund bei der Aufgabe, sich zu verbeugen und in dieser Haltung zu bleiben, bis die Übung von Ihnen wieder aufgelöst wird.

Das brauchen Sie: Leckerlis, eventuell einen Clicker oder einen Target Stick (→ Seite 58 und 96).

Ob groß oder klein, das Verbeugen gehört zum Verhaltensrepertoire jedes Hundes. Es resultiert aus der typischen Spielaufforderung. Wenn Sie dieses Verhalten gezielt abrufen wollen, müssen Sie das Schritt für Schritt trainieren.

Erster Schritt

Ausgangsposition ist der vor Ihnen stehende Hund. In einem ersten Schritt soll der Hund mit seinem Kopf auf den Boden gehen. Damit er dies tut, verlocken Sie ihn mit einer Futterbelohnung. Das Leckerli bekommt Ihr Vierbeiner, wenn er Ihrer Hand mit der Schnauze bis auf den Boden folgt – und ein dickes Lob gibt es dazu.

Zweiter Schritt

Damit der Hund in einem zweiten Schritt tatsächlich in die Haltung der Spielaufforderung geht, geben Sie sich nun nicht mehr damit zufrieden, dass er den Kopf runternimmt. Locken Sie ihn zunächst wieder mit der Leckerli-Hand nach unten, geben die Futterbelohnung aber noch nicht her, sondern schieben die Hand vorsichtig unter die Schnauze, in Richtung Vorderpfoten des Hundes. Um nun an das Leckerli heranzukommen, muss der Hund sich auf die Vorderbeine herunterlassen – und dafür gibt es ein kräftiges Lob und natürlich das Leckerli. Möglicherweise geht Ihr Hund aus dieser Haltung gleich in die »Platz«-Position. Dann ist Ihr Timing wichtig: Loben Sie exakt dann, wenn der Vierbeiner auf seinen Ellenbogen liegt, damit er die Belohnung mit genau dieser Haltung verknüpft. Wenn er das verstanden hat, können Sie das entsprechende Signal dazu einführen, zum Beispiel »Verbeuge dich!«. Wichtig: Lösen Sie die Verbeugung mit Ihrem üblichen Auflöse-Signal wieder auf (→ Experten-Tipp, Seite 68). Das Auflöse-Signal muss vor allem am Anfang schnell kommen, damit der Hund sich nicht ins »Platz« legt. Falls Sie Ihren Hund bereits auf einen Target Stick konditioniert haben (→ Seite 58), können Sie dieses Kunststück auch damit prima einstudieren. Hier folgt der Hund nicht Ihrer Leckerli-Hand, sondern dem Target Stick. Das Berühren des Stabs in richtiger Haltung clicken Sie jeweils. Belohnung nicht vergessen! Auch eine Möglichkeit: Sie clicken den Hund, wenn er sich zufällig streckt und bauen dieses Verhalten zur Verbeugung auf.

1. Stehen bleiben: Pluto, der große Kangal-Mix von Alexandra, macht hier vor, wie er die Verbeugung gelernt hat. Ausgangsposition für diese Übung ist der stehende Hund.

2. Schnauze zum Boden: Alexandra hat ein Leckerli in der rechten Hand. Grund genug für Pluto, ihrer Hand mit seiner Schnauze bis auf den Boden zu folgen. Dafür gibt es anfangs ein Leckerli.

3. Vorderläufe auf den Boden: Nun soll Pluto auch die Ellenbogen auf den Boden legen. Dazu schiebt Alexandra ihre Hand unter die Schnauze in Richtung Vorderpfoten. Pluto kommt nur an die Hand, wenn er sich mit dem Vorderkörper herunterbeugt. Genau in dem Moment belohnt Alexandra ihn.

4. Verbeugung: Schließlich genügt das visuelle Signal – Alexandra führt den rechten Arm in einer Kreisbewegung nach unten und verbeugt sich leicht.

Denkspiele – halten fit im Kopf

Wenn Sie sich regelmäßig mit Ihrem Vierbeiner beschäftigen, stärken Sie nicht nur das Vertrauen und die Bindung des Tieres. Ganz nebenbei bringen Sie dem Hund auch bei, wie man lernt – und das ist ein wunderbar nachhaltiger Effekt. Denn mit der Zeit gewinnt dieser Prozess zunehmend an Dynamik, vielleicht vergleichbar dem Fremdsprachenlernen beim Menschen: Je mehr Fremdsprachen wir beherrschen, desto leichter fällt es uns, eine weitere dazuzulernen. Zurück zum Vierbeiner: Je mehr Sie Ihrem Hund beibringen – immer vorausgesetzt, das geschieht ohne Druck und mit viel Lob und Freude –, desto leichter tut er sich mit neuen anspruchsvolleren Aufgaben. Und in noch einem Punkt ähneln sich Mensch und Tier: Denken strengt an. Deshalb sind auch die Spiele auf den folgenden Seiten, bei denen es vor allem ums richtige Kombinieren geht, durchaus ermüdend für Ihren Vierbeiner. Vergessen Sie das nicht und sorgen Sie nach jeder kniffeligen Aufgabe für eine Denkpause – zum Beispiel mit einem kleinen Zerrspiel (→ Loben und belohnen, Umschlag hinten). Oder lassen Sie ihn nach Herzenslust mit seinem Lieblingsspielzeug herumtollen. Das hat sich Ihr »Schlaukopf« allemal verdient! Verlieren Sie keinesfalls die Geduld, wenn Ihr vierbeiniger Liebling die Denkaufgabe nicht so schnell lösen kann. Bei Hunden ist – ebenso wie bei uns – die Intelligenz unterschiedlich ausgeprägt.

Das **Becher-Spiel**

Was trainiert wird: In vertrauter Umgebung lernt der Hund, sich vollkommen auf Ihre Handlung zu konzentrieren, Ihre Handlung richtig zu deuten und das Leckerli unter dem richtigen Becher zu finden.

Das brauchen Sie: Mindestens zwei farbige Becher und Leckerlis.

Bei diesem Spiel kann man seinem Hund regelrecht zuschauen, wie er denkt! Dementsprechend anstrengend ist es für den Vierbeiner. Deshalb ist eine vertraute, ruhige Umgebung besonders wichtig. Gehen Sie mit Ruhe und Geduld an die Sache und bauen Sie das Spiel ganz allmählich auf. Die Aufgabe für den Hund besteht darin, das Leckerli unter dem richtigen Becher zu finden – auch, wenn Sie die Becher vertauschen.

Wo ist das Leckerli?

In einem ersten Schritt zeigen Sie dem Hund, worum es geht. Der Hund sitzt vor Ihnen, während Sie – für den Hund gut sichtbar – unter einen Becher ein Leckerli legen. Dann fordern Sie Ihren Vierbeiner auf, sich das Leckerli zu holen. Je nach Temperament wird er den Becher mit der Schnauze umkippen oder nur daran schnuppern. Loben Sie ihn kräftig, und lassen Sie ihn das Leckerli verspeisen. Hat der Hund sicher kombiniert – Leckerli unter Becher –, kommt ein zweiter Becher hinzu.

Der zweite Becher kommt ins Spiel

Stellen Sie beide Becher mit etwas Abstand nebeneinander. Nur unter einen Becher legen Sie ein Leckerli. Der Hund schaut aus der Sitzposition zu. Heben Sie die beiden Becher nacheinander noch einmal an, um dem Hund zu zeigen: Unter diesem liegt ein Leckerli, unter jenem keines. Gehen Sie ruhig und gelassen dabei vor, ohne viel zu sagen, damit der Hund sich gut auf Ihre Handlungen konzentrieren kann. Nun fordern Sie den Hund wieder auf, sich das Leckerli zu holen.

Geht er auf den richtigen Becher zu (oder kippt ihn um), loben Sie ihn überschwänglich und überlassen ihm seine Belohnung. Sollte er den falschen Becher wählen, warten Sie ab, bis er sich dem richtigen Becher zuwendet – dafür wird er kräftig gelobt und belohnt. Erst wenn der Hund jedes Mal sicher auf den richtigen Becher zugeht, können Sie die nächste Konzentrationsstufe einbauen.

Becher vertauschen

Nun wird es richtig spannend. Wieder bauen Sie zwei Becher vor Ihrem Hund auf, unter einem platzieren Sie gut sichtbar das Leckerli. Doch jetzt vertauschen Sie die Becher gegeneinander, schieben

also beide auf die Position des jeweils anderen. Machen Sie das sehr ruhig und langsam, sodass der Hund Ihrer Bewegung gut folgen kann. Nun fordern Sie ihn auf, sich das Leckerli zu holen. Geht er gleich auf den richtigen Becher zu? Glückwunsch für diesen Volltreffer! Loben Sie Ihn dafür überschwänglich und lassen Sie es für dieses Mal gut sein – so ein toller Anfangserfolg genügt völlig. Wahrscheinlicher ist jedoch, dass der Hund auf den falschen Becher zusteuert – weil er an der Stelle steht, wo Sie anfangs das Leckerli druntergelegt haben. Dann warten Sie ab, bis er sich dem richtigen Becher zuwendet. Dafür gibt es ein kräftiges Lob und natürlich die Futterbelohnung.
Versuchen Sie es noch einmal in Ruhe und beobachten Sie Ihren Hund dabei: Wie lange kann er Ihnen mit seinem Blick folgen, während Sie die beiden Becher vertauschen? Zwei, drei Spieldurchgänge sind allemal genug. Dann räumen Sie die Becher wieder weg. Nun ist ein kleines Entspannungsspiel angesagt (→ Richtig loben und belohnen, Umschlag hinten)!

Klappt es auch mit drei Bechern?

Versuchen Sie diesen Spieleaufbau die nächsten Tage immer wieder einmal mit Ihrem Hund zu üben. Dabei ist sehr schön zu beobachten, wie die Konzentration des Hundes allmählich zunimmt, bis es ihm schließlich gelingt, Ihrer Handlung bis zum Schluss zu folgen und richtig zu kombinieren: Aha, das Leckerli steckt unter diesem Becher!
Klappt das Spiel mit zwei Bechern richtig gut, können Sie es auch mal mit einem dritten probieren. Aber Vorsicht: Frust soll beim Becher-Spiel nicht aufkommen. Ein langsamer und sehr ruhiger Spielaufbau ist in diesem Fall besonders wichtig. Selbstverständlich gibt es beim Becher-Spiel keinen Tadel, sondern nur Lob – und was zu schwierig für den Hund ist, wird wieder etwas leichter gemacht, indem Sie einen Schwierigkeitsgrad zurückgehen (→ Experten-Tipp, Seite 29).

Spielvariante für draußen

Stellen Sie die Becher im Dreieck auf, im Abstand von jeweils fünf Metern. Stellen Sie sich mit Ihrem Hund in die Mitte des Dreiecks.
Anfangs legen Sie unter jeden Becher ein Leckerli. Der Hund schaut dabei zu. Dann darf Ihr Vierbeiner suchen gehen. Sinn der Sache ist, dass er begreift: Unter dem Becher liegt etwas.
Nun wird die Sache komplizierter. Sie stehen wieder mit Ihrem Hund in der Mitte. Der Hund macht »Sitz«. Gehen Sie jetzt von Becher zu Becher und täuschen Sie zweimal lediglich an, dass Sie ein Leckerli darunter verstecken. Unter einem Becher verstecken Sie tatsächlich eine Futterbelohnung. Gehen Sie dann zu Ihrem vierbeinigen Liebling zurück. Drehen Sie sich mit Ihrem Oberkörper in Richtung Leckerli-Becher und schauen Sie ihn an. Sinn der Sache ist, dass der Hund lernt, Sie genau zu beobachten. Denn mit Körperhaltung und Ihrem Blick signalisieren Sie ihm die richtige Richtung.
Nun schicken Sie den Hund auf Suche. Falls er nicht gleich den richtigen Becher ansteuert, greifen Sie nicht ein. Sobald er den richtigen Becher erreicht hat, freuen Sie sich riesig über diesen Erfolg. Der Hund belohnt sich selbst, indem er den Becher umkippt und das Leckerli vernascht. Vorsichtige Vierbeiner trauen sich vielleicht nicht, den Becher umzukippen. Dann helfen Sie ihm, indem Sie zum Becher gehen und Ihrem Hund das darunter liegende Leckerli geben.
Damit das Spiel spannend bleibt, verstecken Sie das Leckerli bei jeder neuen Runde unter einem anderen Becher. Noch schwieriger wird es, wenn Sie die Abstände zwischen den Bechern schrittweise vergrößern. Dann muss der Hund einen noch längeren Weg zurücklegen.
Beschränken Sie sich jedoch auf höchstens zwei bis drei Durchgänge hintereinander. Für dieses Spiel brauchen Sie viel Geduld. Einige Vierbeiner benötigen für diese Konzentrationsaufgabe durchaus etwas länger als andere.

1. Belohnungs-Becher: Amy hat bereits begriffen, worum es bei diesem Spiel geht: Unter einem Becher liegt ein Leckerli. Nun übt Frauchen mit ihr, dass sie genau beobachtet, unter welchem Becher die Belohnung liegt.

2. Genau hinschauen: Kirsten hat Amy noch einmal gezeigt, dass unter diesem Becher eine Belohnung liegt, unter dem anderen nicht. Dann fordert sie die Hündin auf, sich das Leckerli zu holen.

3. Kopfarbeit: Nun wird es kniffelig: Wieder liegt nur unter einem Becher ein Leckerli. Amy hat genau gesehen, unter welchem. Doch nun vertauscht Kirsten die beiden Becher gegeneinander. Wo ist das Leckerli jetzt?

4. Geschafft: Amy brauchte ein paar Anläufe, um richtig zu kombinieren: Der Becher mit dem Leckerli ist gewandert! Anfangs hat sie der Schiebebewegung nicht bis zum Ende folgen können, weil ihr so viel Konzentration schwerfiel. Doch nach zwei, drei Tagen hat sie es geschafft: Nun geht die Hündin zielstrebig auf den richtigen Becher zu.

Folge meinem Blick

Was trainiert wird: Auch bei diesem Spiel geht es in erster Linie um die Konzentrations- und natürlich auch die Kombinationsfähigkeit Ihres Vierbeiners. Er soll Ihrem Blick folgen.

Das brauchen Sie: Leckerlis.

Auch dieses mentale Training ist, wie das Becher-Spiel, eine spannende Angelegenheit: Wie gut ist Ihr Hund schon in der Lage, Ihrem Blick zu folgen? Wenn Sie beide bereits länger miteinander trainieren, ob es nun Spiele sind oder eine Sportart, stehen die Chancen in der Regel nicht schlecht, dass Ihr Hund schnell begreift, worum es hier geht. Klappt es jedoch noch nicht auf Anhieb, ist diese Übung wunderbar dafür geeignet, sich mit dem Hund per Blickkontakt zu verständigen.

Der kleinste Blick genügt

Anfangs sollten Sie das Spiel dort ausprobieren, wo Ihr Hund sich gut auskennt und sicher fühlt, damit er nicht abgelenkt ist. Später können Sie das Training auch bei mehr Ablenkung versuchen, zum Beispiel draußen.

Ihr Hund sollte ruhig vor Ihnen sitzen. Sie platzieren sich in der Hocke vor ihm, und zwar so, dass Sie beide Arme gut ausbreiten können. In einer Hand halten Sie ein Leckerli versteckt. Breiten Sie jetzt beide Arme aus, und wenden Sie Blick und Kopf sehr deutlich in Richtung Leckerli-Hand. Fordern Sie Ihren Hund nun auf, sich das Leckerli zu holen, zum Beispiel mit dem Signal »Hol Leckerli!«. Dabei beobachten Sie Ihren Hund aus den Augenwinkeln. Steuert er zunächst die »falsche« Hand an, ignorieren Sie das und warten ab. Tut er sich schwer mit der Aufgabe, Ihrem Blick zu folgen, kann es eine große Hilfe für ihn sein, wenn mehrere Personen im Raum auf die »richtige« Hand blicken.
Wichtig ist hier Geduld: Lassen Sie Ihrem Hund genügend Zeit zu begreifen, was Sie von ihm erwarten. Üben Sie lediglich zwei, drei Mal mit der Minimalanforderung, dass der Hund nur leicht in die gegebene Richtung schaut. Später können Sie dann eine deutlichere Reaktion abwarten: Schließlich soll der Hund zur richtigen Hand laufen und sich dort das Leckerli abholen.

Von einer Hand zur anderen

Wenn das alles sehr gut klappt und Ihr Hund Ihrem Blick ohne Probleme folgt, steigern Sie die Anforderung: Setzen Sie sich wie oben beschrieben vor den Hund, die Arme ausgestreckt. Ihr Blick richtet sich auf die Leckerli-Hand. Dann tauschen Sie das Leckerli hinter Ihrem Rücken von einer Hand in die

1. Neue Aufgabe: Die Dalmatiner-Hündin Monokel und Georg trainieren regelmäßig Obedience. Sie sind ein eingespieltes Team. Doch diese Aufgabe war neu für beide. Georg hält in der linken Hand ein Leckerli versteckt. Monokel muss ruhig im Sitz abwarten.

2. Such Leckerli: Dann wendet Georg seinen Blick in Richtung Leckerli-Hand, mit einer sehr deutlichen Kopfbewegung. Monokel gibt er die Aufforderung »Such Leckerli!«. Sie soll seinem Blick folgen und sich für die richtige Hand entscheiden.

3. Folge meinem Blick: Dieses Mal hat Georg das Leckerli hinter dem Rücken vertauscht und schaut nun von einer zur anderen Hand. Monokol versteht auf Anhieb und folgt seinem Blick zur rechten Hand.

andere und schauen nun in die entgegengesetzte Richtung. Geben Sie Ihrem Hund das Signal, sich das Leckerli abzuholen. Wird Ihr Hund den Tausch nachvollziehen und Ihren Blick richtig interpretieren? Bauen Sie diesen Schritt wieder ganz allmählich auf und loben und belohnen Sie den Hund zunächst für jede Andeutung der gewünschten Blickrichtung. Wenn er gut gelernt hat, Ihrem Blick zu folgen, erleichtert es ihm die Aufgabenstellung bei vielen anderen Spielen. Denn auch bei der »Futterbeutel-Suche« (→ Seite 36/37) kann er sich sehr gut an Ihrem Blick orientieren, vorausgesetzt, Sie wenden sich mit Körperhaltung und Blick tatsächlich in Richtung Futterbeutel.
Auch das »Gehe zu ...« (→ Seite 92/93) wird für den Hund dann ein leichtes Spiel. Und für das Becher-Spiel im Freien (→ Seite 84) ist es dem Hund ebenfalls eine willkommene Unterstützung.

Finde das Richtige

Was trainiert wird: Kombinationsgabe und die Fähigkeit, sich zu konzentrieren, werden mit diesem Spiel gefördert.

Das brauchen Sie: Einige Spielzeuge des Hundes, deren Namen er kennt, eventuell einen Clicker (→ Seite 58/96).

Diese wunderbare Spieleinheit für zwischendurch kann allen Beteiligten – und Zuschauern – riesig Spaß machen. Ihr Hund erweist sich nach kurzem Training als verständiger Experte, der genau das bringt, was Sie von ihm wollen.

Spielzeug mit Name verknüpfen

Dazu sollte Ihr Vierbeiner einige seiner Spielzeuge mit Namen kennen, zum Beispiel Ball, Tau, Knochen, Hase, Bärchen etc. Das üben Sie, indem Sie ein Spielzeug vor ihn hinlegen und es beim Namen nennen, kurz bevor er es mit der Schnauze aufnimmt. Sie können als Verstärkung auch den Clicker einsetzen (→ Seite 96). Später fordern Sie Ihren Hund auf, das jeweilige Spielzeug zu bringen und clicken oder loben ihn kräftig, wenn er es bei Ihnen abgibt. Dafür gibt es natürlich eine Belohnung. Bei Hunden, die Gegenstände nicht gerne aufnehmen, genügt auch ein Anstubsen. Viele Hunde lernen auf diese Weise schnell, einige Spielzeuge bei ihrem Namen zu kennen.

Unterscheidungen treffen

Aber können die Vierbeiner die Spielzeuge auch voneinander unterscheiden? Probieren Sie es aus: Platzieren Sie zwei Spielzeuge, deren Namen Ihr Hund sicher beherrscht, in einiger Entfernung vor Ihrem Hund. Fordern Sie ihn dann auf, ein bestimmtes Spielzeug zu bringen, zum Beispiel »Bring den Ball!«. Läuft er auf Anhieb auf den Ball zu und bringt ihn, war es entweder Anfängerglück oder Sie haben ein Genie auf vier Beinen – belassen Sie es bei diesem ersten Erfolg!

Hat es noch nicht gleich geklappt, und Ihr Hund bringt das falsche Spielzeug, bleiben Sie freundlich, sagen aber nichts, sondern legen das Spielzeug zu dem anderen zurück. Fordern Sie Ihren Hund nun erneut auf, den »Ball« zu bringen. Sobald er zum Ball läuft und ihn zu Ihnen zurückbringt, loben oder clicken Sie das und freuen sich riesig. Außerdem gibt es natürlich eine Belohnung. Werden Sie nun aber nicht übermütig: Ein Erfolgserlebnis genügt zunächst. Üben Sie nicht öfter als zwei bis vier Mal pro Durchgang. Mit der Zeit können Sie die Anzahl der Spielzeuge behutsam steigern. Wenn Sie merken, dass der Hund überfordert ist, kehren Sie zu einem einfacheren Spielaufbau zurück und festigen Sie diesen, bevor Sie den nächsten Schritt wagen (→ Experten-Tipp, Seite 29).

1. Spielaufbau: Flocke, die kleine asiatische Mix-Hündin, wartet geduldig ab, während Margit »Maulwurf« und »Knochen« nebeneinander anordnet.

2. Richtig gemacht: Margit fordert Flocke auf, den »Maulwurf« zu bringen, was die Hündin ohne zu zögern richtig ausführt.

3. Flocke kennt sich aus: Zielstrebig nimmt Flocke den »Maulwurf« auf und trägt ihn zu Margit zurück. Dafür bekommt die Hündin jedes Mal eine Belohnung, was ihre Spiellaune aufrechterhält. Auch drei Spielzeuge voneinander zu unterscheiden ist für Flocke meist kein Problem (→ Foto, Seite 88).

Ein Spiel **für Tüftler**

Was trainiert wird: Bei diesem Spiel müssen unsere Vierbeiner richtig gut beobachten und kombinieren. Dazu gehört die Fähigkeit, sich zu konzentrieren und Geduld – und oft auch Geschicklichkeit, wie hier.

Das brauchen Sie: Ein Holzspielzeug, das es in vielen Variationen im Zoofachhandel zu kaufen gibt. Oder Sie überlegen sich selbst eine spannende Konstruktion ...

Wichtig für die Spielfreude ist es, dem Vierbeiner genügend Zeit und Ruhe zu geben, damit er auf eine Lösung kommen kann – und natürlich ein köstliches Leckerli, das den Ehrgeiz steigert ...

Erst mal schnuppern lassen

Intelligenzspielzeuge für Hunde gibt es in allen möglichen Varianten. Dieses hier funktioniert so: In die Öffnung des Drehzylinders wird ein Leckerli gegeben. Die runden Knöpfe sind dazu da, den Zylinder zu drehen. Das Leckerli fällt irgendwann in die Schublade darunter. An dem Tau wird die Lade mit dem Leckerli schließlich herausgezogen.

Einige Hunde sind bei neuen Gegenständen furchtsam. Sie sollten Gelegenheit haben, sich von der »Ungefährlichkeit« zu überzeugen. Stellen Sie das Spielzeug dafür auf den Boden und lassen Sie den Hund zunächst einfach daran schnuppern. Dann bringen Sie Ihren Hund ins »Sitz« oder »Platz« und lassen ihn dabei zuschauen, wie Sie ein köstliches Leckerli in die Öffnung geben. Nun fordern Sie ihn auf, sich das Leckerli zu holen. Geben Sie dem Hund viel Zeit, sich mit seiner Aufgabe zu beschäftigen. Reden Sie dabei nicht auf ihn ein, damit er in Ruhe grübeln kann. Sobald der Hund von selbst auf eine richtige Handlung kommt – zum Beispiel ganz leicht an einem der Knöpfe dreht (oder nur daran schnuppert) –, loben Sie ihn überschwänglich für diese Leistung. Schon für das kleinste Ausprobieren hat er sich eine Belohnung verdient. Beim nächsten Mal warten Sie etwas länger, bis er mit seinem Handlungsangebot einen kleinen Schritt weiter geht – und dann gibt's die Belohnung!

Grübeln macht müde

Wenn Sie das Gefühl haben, Ihr Hund kommt auf keine Idee, zeigen Sie ihm ohne viel Worte, wie es geht. Lassen Sie ihn bei jeder Spielrunde das Leckerli aus der Schublade naschen. Üben Sie nicht mehr als zwei, drei Mal – egal, wie »erfolgreich« der Hund war. Wenn er bei den ersten Malen ungeduldig ist und versucht, das Leckerli rabiat »rauszuhauen«, nehmen Sie das Spielzeug hoch und lassen den Hund noch einmal »Sitz« machen. Wenn es beim nächsten Versuch nicht besser läuft, ist Spielende.

1. Rein damit: Leckerli einwerfen, das ist die Aufgabe von Frauchen. Der Hund sollte dabei zuschauen, damit er weiß: In diesem seltsamen Ding steckt eine tolle Belohnung für mich.

2. Der richtige Dreh: Flocke liebt Tüftelspiele, deshalb strengt sie sich sogar für ein ganz »normales« Leckerli an. Margit lässt sie in aller Ruhe ausprobieren und hält das Spielzeug mit der Hand leicht fest, damit es nicht wegrutscht. Flocke dreht so lange an dem Knopf, bis sie ein kleines Fallgeräusch vernimmt ...

3. Jetzt ziehen: Flocke kennt das Spiel bereits und weiß: Nach diesem Geräusch habe ich alles im Kasten. Mit ihrer Pfote zieht Flocke die Schublade heraus und genießt die Belohnung für ihre Geduld und Kombinationsgabe.

Gehe zu ...

Was trainiert wird: Auch bei diesem Spiel muss der Hund kombinieren und sich konzentrieren, um einem Namen die richtige Person zuzuordnen.

Das brauchen Sie: Mindestens zwei oder drei Familienmitglieder oder Freunde, deren Namen Ihr Hund kennt.

Bei diesem netten Gesellschaftsspiel für Mensch und Hund können auch bereits kleinere Kinder mitwirken, wenn ein Erwachsener dabei ist.

Wer ist wer?

Voraussetzung ist, dass der Hund die Mitspieler namentlich kennt, zum Beispiel in einer Familie. Meist lernen Hunde die Namen »ihrer« Menschen ganz nebenbei. Probieren Sie es einfach mal aus, Sie werden überrascht sein! Wenn es noch nicht mit allen sicher klappt: Stellen Sie sich einer Person gegenüber, die der Hund namentlich erkennen soll. Geben Sie Ihrem Hund das Signal »Gehe zu Nina!« oder »Gehe zu Hans!«, je nachdem, wie die Person heißt. Nun locken »Nina« oder »Hans« mit einem Leckerli und freuen sich riesig, wenn der Hund bei ihnen ankommt. Diese Übung lässt sich auch gut clicken, vor allem, wenn der Hund mit dem Zuordnen der Namen Schwierigkeiten hat (→ Seite 96). Anfangs clickern Sie jeden Schritt in Richtung genannte Person. Allmählich steigern Sie dann die Anforderung, indem Sie einen zweiten, einen dritten Schritt abwarten, bis der Hund das Ziel erreicht hat.

Kleiner Kreis für Einsteiger ...

Kennt der Hund alle Beteiligten mit Namen, kann das Spiel beginnen. Die Mitspieler setzen sich in einem etwas größeren Kreis um den Hund herum und halten ein paar Leckerlis bereit. Ihr Hund sitzt in der Mitte und wartet ein erstes Signal ab: »Gehe zu ... !«. Entscheidet er sich richtig und steuert die genannte Person an, wird er dort freudig begrüßt und bekommt ein Leckerli. Wichtig – und für kleine Kinder nicht immer ganz einfach: den Hund nicht mit dem Leckerli anlocken. Am besten versteckt man die Hände mit der Belohnung im Schoß oder hinter dem Rücken. Läuft der Vierbeiner zunächst zur falschen Person, reagiert die einfach nicht und guckt den Hund auch nicht an. Geben Sie dem Hund genügend Zeit zum Überlegen. Kommt er schließlich bei der richtigen Person an, gibt es dort wieder eine freudige Begrüßung und die Belohnung. Wenn das Spiel für Ihren Hund neu ist, sollten Sie den Radius des Kreises eher klein wählen, denn auf diese Weise gelangt der Vierbeiner immer schnell an die richtige Adresse. Hat er sich geirrt, genügen bereits ein, zwei Schritte, und

1. Lustige Runde: Die Retriever-Hündin Alex sitzt geduldig in der Mitte des Kreises und wartet ab, was ihre Aufgabe bei diesem Spiel sein wird.

2. Gehe zu Timmi: Der dreijährige Timmi ist höchst gespannt, ob Alex sich seinen Namen schon gemerkt hat. Es klappt: Die Hündin steuert den Kleinen sicher an, und er darf ihr eine Belohnung dafür geben.

3. Neues Ziel: Nun ist Timmi an der Reihe, der Hündin ein Signal zu geben. Er schickt Alex zu Kirsten.

er ist bei der richtigen Person. Je sicherer er das Spiel beherrscht, desto größer darf der Radius sein.

Für Fortgeschrittene

Tests haben gezeigt, dass Hunde sogar zu Ausschlussverfahren in der Lage sind. Ein berühmtes Beispiel dafür ist der Border Collie Rico, bekannt aus der TV-Sendung »Wetten, dass ...?«. Probieren Sie es einmal aus: In einen Kreis von Personen, die Ihrem Hund namentlich vertraut sind, setzt sich eine ihm unbekannte Person. Nun soll er genau diese Person ansteuern: Geben Sie ihm das Signal mit »Gehe zu ... (Name des unbekannten Mitspielers)«. Was tut der Hund? Lassen Sie ihm wiederum genügend Zeit, und irritieren Sie ihn nicht mit zu vielen Aufforderungen. Kommt er nicht gleich von selbst drauf, wird er über Versuch und Irrtum schnell lernen, um wen es sich handelt ...

Zieh heraus

Was trainiert wird: Geschicklichkeit, Konzentration und Kombination lautet hier die Aufgabenstellung an Ihren vierbeinigen Liebling.

Das brauchen Sie: Einen Futterbeutel mit Leckerlis, eine etwas dickere Schnur, einen tiefen Tisch, eine Kommode, einen Schrank oder Ähnliches zum Verstecken.

Ein Riesenspaß für zwischendurch: Ihr Hund darf seinen Futterbeutel suchen, doch der ist clever versteckt. Wie kommt Hund nun daran?

Spielobjekt präparieren

Binden Sie eine dickere, etwa ein Meter lange Schnur um den Futterbeutel, den Sie zuvor mit Leckereien gefüllt haben. Das Ende der Schnur bildet ein dicker Knoten, sodass der Hund sie gut aufnehmen kann. Alternativ können Sie statt des Futterbeutels auch ein Spielzeug des Hundes verwenden und zur Belohnung mit dem Hund spielen, wenn er es erfolgreich hervorgeholt hat.

Achtung: Umwickeln Sie niemals eine Futterbelohnung! Ein übereifriger Hund könnte die Belohnung samt Schnur verschlingen.

Erst mal ganz einfach ...

Wenn Sie Futterbeutel oder Spielzeug fest angebunden haben, schieben Sie das Objekt nicht zu tief unter eine Kommode, einen Schrank oder Ähnliches. Der Abstand zum Boden sollte so niedrig sein, dass der Hund nicht mit der Schnauze darunterkommt. Denn Sinn des Spieles ist es ja, dass der Hund das Objekt herauszieht. Ihr Hund sitzt während der Vorbereitung neben Ihnen und schaut Ihnen zu. Nun fordern Sie ihn auf, Ihnen seinen Futterbeutel zu bringen – und warten ab. Wahrscheinlich guckt er unter das Versteck, kommt aber nicht dran. Jetzt wird es spannend: Überlegt er sich selbstständig eine Strategie? Vielleicht nimmt er die Pfote zu Hilfe und kratzt an der Schnur. Da der Futterbeutel (oder das Spielzeug) anfangs noch nicht sehr tief versteckt ist, kommt es wahrscheinlich gleich in Sicht – und Ihr Hund begreift schnell, worum es hier geht. Super – geschafft! Loben Sie ihn ausgiebig und geben Sie ihm ein Leckerli aus dem Futterbeutel. Nur, wenn er lange ratlos bleibt, helfen Sie ihm, indem Sie selbst an der Schnur ziehen. Die nächsten Male sollten Sie das Spiel noch sehr einfach aufbauen, damit der Hund schnell ein Erfolgserlebnis hat und sicher versteht, wie Futterbeutel/Spielzeug und Schnur zusammenhängen. Erst allmählich verstecken Sie das Objekt immer tiefer, sodass das Schnurende immer kürzer wird.

1. Erster Versuch: Alex kennt dieses Spiel noch nicht. Sie hat gespannt beobachtet, wie Frauchen Marion ihren heiß geliebten Futterbeutel unter dem Wohnzimmertisch versteckt hat. Dann erhält sie das Signal, ihren Futterbeutel zu bringen. Aber wie bloß?

2. Mutig ans Werk: Die fünfjährige Retriever-Hündin kennt viele Tricks und Spiele. Nach kurzem Überlegen nimmt sie die Schnur am Knoten auf.

3. Ganz schön schlau: Bedächtig zieht Alex an der Schnur und beboachtet dabei genau, wie ihr Futterbeutel langsam unter dem Tisch hervorkommt.

4. Geschafft: Sobald der Futterbeutel ganz zu sehen ist, nimmt die Hündin ihn auf und bringt ihn zu Frauchen.

5. Wohlverdient: Diese kleine Denksportaufgabe hat sich gelohnt. Die Retriever-Hündin darf sich eine kleine Köstlichkeit aus dem Futterbeutel nehmen.

Clickertraining

Der Clicker klingt auf Fingerdruck wie ein »Knackfrosch«. Er ist ein ideales Trainingshilfsmittel, um dem Hund etwas beizubringen.

Ginger hat verstanden: Beim Click schaut sie aufmerksam hoch. Sie hat das Geräusch mit der Futterbelohnung verknüpft, sodass man es in Zukunft beim Training mit ihr einsetzen kann. Diese Konditionierung ist der erste Schritt. Wichtig: immer nur einmal clicken, nicht mehrfach. Und den Clicker nicht etwa zum Heranrufen zweckentfremden. Er dient ausschließlich als positive Verstärkung.

Einen »Click« gibt es, sobald der Vierbeiner eine bestimmte erwünschte Aktion zeigt. Das Tolle daran: Es folgt sofort eine Futterbelohnung. In der Lernpsychologie nennt man das »positive Verstärkung« und »operantes Konditionieren«: Der Hund verknüpft Geräusch/Belohnung mit seinen eigenen Handlungen und speichert sie nach genügend Wiederholungen in seinem Verhaltensrepertoire ab.

Warum überhaupt ein »Click«?

Natürlich können Sie Ihren Hund auch mit Worten bestätigen. Doch es ist gar nicht so einfach, ein Wort-Signal wie »Gut gemacht!« auf den Bruchteil einer Sekunde genau im richtigen Moment auszusprechen. Mit einem Clicker bestätigen Sie richtiges Verhalten äußerst präzise, wenn Sie das richtige Timing beherrschen. Das heißt: Sie müssen Ihren Hund genau beobachten, um exakt in dem Moment zu clicken, wenn er die gewünschte Handlung zeigt. So ein kurzes, knackiges Click ist für den Hund oft einprägsamer als ein »Gut gemacht!«. Theoretisch können Sie statt eines Clickers auch ein sehr kurzes Wort verwenden, das Sie ähnlich kurz und knapp aussprechen, wie »Ja!« oder »Yiip!«.

Der erste Schritt

Zunächst müssen Sie den Hund auf den Clicker konditionieren: Sie stehen mit dem Clicker in der Hand vor Ihrem Hund. Clicken Sie einmal und geben Sie ihm sofort ein Leckerli. Das wiederholen Sie vier, fünf Mal, mehrfach über den Tag verteilt.

Sobald der Hund bei einem Click aufmerksam reagiert, hat er kombiniert, dass das Geräusch eine Belohnung für ihn bedeutet. Von nun an können Sie den Clicker als positiven Verstärker einsetzen. Ein Beispiel: Sie möchten Ihrem Welpen, Junghund oder erwachsenem Hund beibringen, dass er auf Ihr Signal hin auf seine Decke gehen soll. Beobachten Sie Ihren Hund, wenn er sich in der Nähe der Decke aufhält. Geht er zufällig mit einer Pfote auf die Decke, clicken Sie einmal und geben ihm sofort ein Leckerli. Sie locken ihn also nicht auf die Decke, sondern warten ab, bis er das »zufällig« macht. Das wiederholen Sie einige Male, bis der Hund den

Schritt auf die Decke sicher mit dem Click (und einer Belohnung) verknüpft hat. Nun steigern Sie Ihre Erwartung: Der Hund soll mit zwei Pfoten auf die Decke gehen. Bietet er eine Pfote an, warten Sie, bis er eine zweite Pfote hinzu nimmt – Click und Leckerli. Das üben Sie, bis der Hund mit allen vier Pfoten auf der Decke steht. Bald können Sie das Signal dazu einführen: Der Hund geht mit allen vier Pfoten auf die Decke, Sie sagen in dem Moment »Auf deine Decke!« und clicken – Leckerli nicht vergessen. Damit der Hund lernt, länger auf seiner Decke zu bleiben, zögern Sie das Clicken schrittweise hinaus – anfangs eine Minute, dann zwei etc. So steigern Sie die Verweildauer. Schließlich begreift der Hund die Bedeutung des Signals auch ohne Clicker. Dann loben Sie nur noch mit der Stimme und geben ab und zu eine Belohnung – bis Sie auch die abbauen können. So einfach das alles klingt: Das Clickertraining erfordert ein Grundwissen. Dafür gibt es Ratgeber (→ Seite 125), und auch viele Hundschulen bieten mittlerweile Clickertraining an.

Ginger wird mithilfe des Clickers auf einen »Target Stick« konditioniert. Ziel ist es, dass sie dem Stab mit der Nase (später auch mit der Pfote) folgt und sich so in alle Richtungen dirigieren lässt. Frauchen hält den Stab in der Hand und wartet ab, bis Ginger zufällig daran schnuppert – Click und Belohnung. Wenn Ginger das richtig verknüpft hat, kann man ihr sogar beibringen, den Stab mit der Nase (oder Pfote) nur an seinem Ende zu berühren.

Die vier Monate alte Hündin lernt Schritt für Schritt, auf ihre Hundedecke zu gehen. Dafür clickt Frauchen zunächst, wenn Ginger zufällig mit einer Pfote auf die Decke geht. Dann klickt sie nur noch, wenn es zwei Pfoten sind ... bis Ginger komplett auf der Decke steht.

GESUND UND GLÜCKLICH

Spiel und Sport halten Ihren Vierbeiner fit. Das sind wichtige Bausteine für seine Ausgeglichenheit und Kondition. Doch auch die richtige Ernährung sowie eine regelmäßige medizinische Kontrolle und Fürsorge sind notwendig, damit Ihr Hund Sie viele Jahre lang fröhlich, vital und gesund durchs Leben begleitet.

Test: **Wie fit ist Ihr Hund?**

Die folgenden Fragen sollen Ihnen dabei helfen, Ihren Vierbeiner konditionell richtig einzuschätzen.

Mein Hund ist …	**klein**	**mittelgroß**	**groß**
A ◯ … jünger als	7	6	5 Jahre
B ◯ … älter als	7	6	5 Jahre
C ◯ … älter als	10	8	6 Jahre

Ich kann die Rippen meines Hundes an seinem Brustkorb …

A ◯ … gut spüren
B ◯ … gerade noch erfühlen
C ◯ … eigentlich nicht mehr fühlen

Unser Ausgehpensum umfasst täglich mindestens … ?

A ◯ … 2 bis 3 Stunden
B ◯ … 1,5 bis 2 Stunden
C ◯ … 0,5 bis 1 Stunde

Mein Hund und ich sind gemeinsam sportlich (zum Beispiel Fahrradfahren, Joggen, Hundesport, wie Agility oder Ähnliches)

A ◯ Ja, sogar sehr intensiv (2 bis 3 x pro Woche)
B ◯ Ja, etwa 1 x die Woche bzw. eher unregelmäßig
C ◯ Nein, wir gehen »nur« spazieren

Ein kürzlicher Check in der Tierarztpraxis ergab:

A ◯ Alles in Ordnung mit Bewegungsapparat und Herz-Kreislauf-System
B ◯ Leichte Einschränkungen am Bewegungsapparat und /oder am Herz-Kreislauf-System
C ◯ Probleme mit dem Herz-Kreislauf-System und/ oder dem Bewegungsapparat oder der Hund ist noch zu jung (‹1 bis 1,5 Jahre) bzw. zu alt für intensiveren Sport

AUSWERTUNG

Welche Antworten haben überwogen: A, B oder C?

Ⓐ **Top in Form:** Ihr Hund ist ein Energiebündel. Achten Sie jedoch darauf, ihn nicht nur körperlich »auszupowern«. Fordern Sie Ihren Hund auch mental, zum Beispiel mit Suchspielen oder öfter mal einer Denkaufgabe.

Ⓑ **Für gemäßigte »Sportler«:** Ihr Vierbeiner braucht vor allem Beschäftigungsmöglichkeiten, die Knochen und Gelenke nicht zu stark belasten. Wenn es dem Hund Spaß macht, ist leichtes Mittraben beim Joggen, Walken oder am Fahrrad, Schwimmen oder kürzere Wanderstrecken ideal für ihn (am besten zuvor mit dem Tierarzt sprechen).

Ⓒ **Bewegung im Alter:** Wenn Ihr Hund allmählich ins »Rentenalter« kommt, sollten Sie ihn vor allem schlank halten und ruhige Bewegungsarten mit ihm unternehmen, wie zum Beispiel Fährtenarbeit. Doch weder Alter noch gesundheitliche Einschränkungen sind ein Grund dafür, einen Hund gar nicht mehr zu fordern (mit dem Tierarzt sprechen). Viele Spiele eignen sich für anregende Kopfarbeit mit mäßiger körperlicher Belastung, zum Beispiel Denkspiele (→ ab Seite 82) und Suchspiele (→ ab Seite 28).

Kleine sind schneller ausgewachsen

Deshalb ist es so wichtig, den Vierbeiner allmählich an körperliche Belastung heranzuführen und sich zu informieren, wann das Knochenwachstum abgeschlossen ist. Als Richtwert gelten für kleine Hunde etwa zehn Monate, für mittelgroße etwa ein Jahr, und für die großen Rassen anderthalb bis zu zwei Jahre. Doch es gibt Schwankungen in der individuellen Entwicklung. Fragen Sie am besten in der Tierarztpraxis nach, wie man Ihren Hund dort einschätzt und welches Beschäftigungspensum Sie ihm bereits zumuten können.

Gesundheitchecks (nicht nur) für Aktive

Wenn Sie planen, mit Ihrem Vierbeiner eine gemeinsame »Sportkarriere« aufzubauen, sollte die Tierarztpraxis oder -klinik ohnehin erste Anlaufstelle sein. Dort klären die Veterinärmediziner das allgemeine Befinden, Herz, Lunge, aber auch die Körperkonstitution (Ausbildung der Muskulatur, Fettanteil, Gelenke). In regelmäßigen Abständen ist außerdem eine Routinekontrolle der Blutwerte angezeigt (beim Jungtier seltener, beim älteren Hund zumindest alle zwei Jahre, später jährlich). Sollten Probleme im Bewegungsablauf auftreten, kann eine Röntgenuntersuchung oder Ganganalyse mehr Klarheit bringen. Bei Einsätzen auf Turnierniveau sollte der Untersuchungszeitraum entsprechend kürzer sein, eine jährliche Blutuntersuchung wäre dann für jedes Alter sinnvoll. Die häufige Annahme, Mischlinge seien robuster als Rassehunde, stimmt übrigens nicht, deshalb gelten regelmäßige Gesundheitschecks selbstverständlich für alle Hunde.

Schritt für Schritt zur Sportfigur

Mit Übergewicht zu Springspielen, das ist schlicht unfair – und auch ungesund. Wer einen etwas rundlichen Vierbeiner besitzt, sollte ihn allmählich an ein sportlicheres Leben heranführen. Oftmals hilft schon ein kleinerer Futternapf Wunder, denn darin sehen kleinere Portionen nicht so »mickrig« aus. Wer das nicht durchhält, sollte eine Weile auf Diätfutter umstellen. Steigern Sie die Aktivitäten Ihres Vierbeiners langsam, zum Beispiel mit mehreren kurzen Spaziergängen täglich, die von Woche zu Woche etwas länger werden.

Dabei bauen Sie kleine Übungen ein, wie »Hindernis umrunden« (→ Seite 47), auf einen liegenden Baumstamm springen und balancieren (an der Leine), oder »Bergsteigen« leicht gemacht (→ Seite 54/55). Auch Suchspiele (→ ab Seite 28) eignen sich hervorragend, um den Hund mental und körperlich wieder beweglicher zu machen. Wenn die Idealfigur nahe ist und Tierarzt oder Tierärztin grünes Licht geben, können Sie intensiver einsteigen, zum Beispiel mit einem Hunderennen (→ Seite 52) oder auch mit einem leichten Fahrrad-Training (anfangs ein paar Tage fünf Minuten traben, fünf Minuten schieben, dann zehn Minuten traben, zehn Minuten schieben usw.).

PRAXIS-TIPP

Soforthilfe bei Trainingsverletzungen

Eine Zerrung kommt schon mal vor. Schnellstens kühlen, empfehlen Tierärzte, etwa mit einem Coolpack, Eisspray oder ein paar Eiswürfeln. Vorsicht: Kaltes nie direkt auf das Fell platzieren. Coolpack/Eiswürfel in ein Handtuch einwickeln. Außerdem sollte der Hund ruhig gestellt werden. Wohltuend ist Arnika aus der homöopathischen Hausapotheke (stündlich), ggf. Rescue-Tropfen. Wärme erst ab dem nächsten Tag, ebenso heparinhaltige Gels oder Salben. Dennoch unbedingt zum Tierarzt!

»Mir geht's super«: Dass dieser Vierbeiner sich »pudelwohl« fühlt, ist sonnenklar. Auf dem Rücken liegend, alle viere von sich gestreckt – so kann man sich nach dem Training herrlich entspannen.

Erste Hilfe und Hausapotheke für den Vierbeiner

Wer mit seinem Hund häufig in der Natur unterwegs ist, ob auf einer Wanderung oder bei längeren Trainingseinheiten, sollte für den Notfall gerüstet sein. Speichern Sie in Ihrem Handy die Telefonnummern Ihrer Tierärztin, Ihres Tierarztes, einer nahe gelegenen Tierklinik oder einer mobilen Tierrettung ein. Mit den folgenden Utensilien sind Sie für Erste-Hilfe-Einsätze bestens gerüstet. Erhältlich ist alles in der Apotheke und/oder im Zoofachhandel.

Pinzette: Mit schmaler, abgerundeter Spitze zum Entfernen von Schmutz, kleineren Fremdkörpern oder Dornen aus Wunden und Haut, zum Beispiel aus dem Ballen.

Zeckenzange: Damit rücken Sie den lästigen Parasiten ordentlich zu Leibe.

Schere: Eine leicht gebogene Schere mit abgerundeter Spitze zum Schneiden von Gaze und Heftpflaster, gegebenenfalls auch von Haaren um die Wundränder herum.

Taschenlampe: Eine kleine Stabtaschenlampe zum Betrachten von Ohren, Maul und Wunden (Elektrofachhandel) leistet gute Dienste.

Cool-/Hotpack: Das hilft beispielsweise bei Zerrungen (→ Praxis-Tipp, Seite 104).

Fieberthermometer: Verwenden Sie am besten ein Digitalthermometer (Normalwerte für Hunde: 38 bis 39 °C, Welpen bis zu 39,5 °C).

Mullbinden: Zwei bis drei Mullbinden (Breite etwa 4 cm/8 cm).

Gazetupfer: Mehrere Ausführungen, möglichst steril, und Verbandswatte.

Heftpflaster: 2,5 bis 6 cm Breite, das selbst zugeschnitten werden kann.

Desinfektionsmittel: Wasserstoffperoxid 3% zum Desinfizieren oberflächlicher Hautwunden oder Abschürfungen, die mit Dreck oder Rost verschmutzt sind. Jodtinktur zum Reinigen und Desinfizieren von Wunden. Antibiotisches Wundpuder oder Wundsalbe für eine lokale Wundversorgung.

Medikamente: Arnica Globoli, Rescue-Tropfen.

Wellness für Körper und Seele

Auch Hunde mögen es, wenn sanfte Berührungen ihnen helfen, einmal ganz und gar »loszulassen«, zum Beispiel nach einem anstrengenden Denkspiel oder konzentriertem Training. Oder einfach als »Schmusestündchen« zwischendurch ...

Zeit für Zärtlichkeit

Sanft massierende Berührungen lockern die Muskulatur und stärken die Bindung zwischen Ihnen und Ihrem Hund. Dafür ist eine ruhige Atmosphäre wichtig und die Bereitschaft des Hundes, sich ganz und gar Ihren Händen anzuvertrauen.
Nicht alle Vierbeiner mögen die intensiven Berührungen über ein paar Minuten hinweg von Anfang an. Probieren Sie deshalb vorsichtig aus. Fließt Ihr Hund vor Wonne dahin, dürfen Sie sanft weitermassieren. Zeigt er Anzeichen von Stress (Köper angespannt, will aufstehen, Ohren angelegt), belassen Sie es bei einer kurzen Streicheleinheit und versuchen es in ruhigen Momenten immer wieder einmal für einige Sekunden. Mittlerweile gibt es Physiotherapiepraxen für Tiere, die neben einem breiten Behandlungsspektrum auch Kurse für wellness-bewusste Hundehalter anbieten. Dort kann man in wenigen Stunden lernen, mit welchen Griffen die Massage für den Vierbeiner wohltuend und gesund

Pfoten-Check: Wer mit seinem Hund viel läuft, sollte dessen Hornhäute regelmäßig kontrollieren. Eine Pfotenreflexzonen-Massage entspannt den ganzen Hund – sollte aber zunächst ein Profi vormachen.

PRAXIS-TIPP

Warm up and Cool down ...

Pflichtprogramm vor jedem Trainings-Einsatz: Die Muskulatur des Hundes sanft aufwärmen für eine gute Durchblutung. Beginnen Sie etwa 20 bis 30 Minuten vor dem Training oder Start:
– 5 bis 10 Minuten ruhiges Gehen an der Leine, anschließend noch einmal 5 bis 10 Minuten Gehen und leichten Trab in Intervallen. Nehmen Sie Ihren Hund dafür »Bei Fuß«.
– Zwei, drei Minuten einen großen Kreis oder eine großzügige Acht laufen, dabei immer etwas enger werden. Anschließend eventuell noch ein-, zweimal Slalom durch die Beine.
Im Winter etwas länger aufwärmen, bei sehr kalten Temperaturen zusätzlich mit einem Hundemantel dafür sorgen, dass die Muskulatur bis zum eigentlichen Training nicht wieder zu sehr abkühlt. Nach dem Einsatz entspannt ein ruhiger Spaziergang ohne größere Aktivitäten und schließlich eine sanfte Massage.

Bitte nicht stören: Immer wieder mal entspannen, auch das braucht der aktive Hund. Geben Sie ihm genug Gelegenheit dazu. Eine sanfte Massage kann beim »Loslassen« helfen, wenn der Hund die intensive Berührung mag.

ist. Einige Basics für werdende Wellness-Profis: Zwingen Sie Ihren Vierbeiner zu nichts. Nutzen Sie die Gunst der Stunde: Wenn Ihr Hund entspannt im Platz oder bereits auf der Seite liegt, probieren Sie eine erste kleine Massage aus. Verzichten Sie auf eine Massage des Hundes, wenn Ihr Vierbeiner krank ist. Vielleicht kennen Sie es von sich selbst: Fühlt man sich nicht wohl oder hat gar irgendwo Schmerzen, mag man oftmals gar nicht gern berührt werden. Ein kranker Hund, der nicht einmal sagen kann, wo es drückt, ist kein »Kandidat« für eine Massage.

Massage-Praxis

Gute Bereiche für massierende Streicheleinheiten sind die Rückenmuskulatur rechts und links neben der Wirbelsäule (niemals direkt auf dem Rückgrat!), die Oberschenkel, die Vorderbeine und ausstreichende Handbewegungen über Rumpf und Beine. Ohren- und Pfotenreflexzonen-Massage mögen Hunde auch, doch die sollten Sie sich unbedingt vom Profi zeigen lassen. Für eine Massage sollte der Hund entspannt auf der Seite liegen. Bei einer Rückenmassage verwenden Sie nur die Fingerspitzen, die Sie flach aufsetzen. Nun mit sanftem Druck in kleinen Kreisbewegungen vom Nacken bis zur Rute und wieder zurück massieren. Dabei sollte sich die Haut über der Muskulatur leicht verschieben.

Für die Oberschenkelmuskulatur massieren Sie mit etwas mehr Fingerfläche. Hüft-, Kniegelenk und Wirbelsäule werden ausgelassen.

Bei der Massage der Vorderbeinmuskulatur des Hundes umfassen Sie mit einer Hand den Muskel oberhalb des Ellbogengelenks, der Daumen liegt oben auf dem Muskel auf. Anschließend den Daumen in kleinen Kreisen sanft bis kurz vor das Ellbogengelenk bewegen.

Für das Ausstreichen zum Schluss mit beiden Händen flach und mit leichtem Druck vom Nacken über den Rumpf bis über die Gliedmaßen des Vierbeiners streichen.

ALLE SPIELE AUF EINEN BLICK

Die folgenden Tabellen geben Ihnen einen Überlick zu allen Beschäftigungsmöglichkeiten in diesem Ratgeber. So können Sie schnell und bequem auswählen, was für Sie und Ihren Vierbeiner genau das Richtige ist. Die Altersangaben dienen als ungefähre Orientierung. Beachten Sie die individuelle Reife Ihres Hundes.

Motivation ist alles!

»Jetzt ist Spielzeit!« In die nächste Runde startet Ihr Vierbeiner hoch motiviert, wenn Sie ihn mit ein paar kleinen Tricks in die richtige Stimmung bringen. Und dann ist seine Begeisterung meist grenzenlos ...

1 **Spannendes Start-Signal:** Wenn Sie mit Ihrem Hund ein bestimmtes Spiel trainieren, überlegen Sie sich ein aufmunterndes Signal für den Beginn jeder Runde. Ein kurzes, knappes »Auf geht's!« oder »Jetzt geht's los!» signalisiert dem Hund, dass jetzt Action angesagt ist. Sie müssen das Signal nicht einmal laut rufen, doch es sollte immer gleich und richtig motivierend klingen – das macht die Sache für Ihren Hund spannend und hilft ihm, sich voll auf Sie zu konzentrieren.

2 **Ein Spielchen zwischendurch:** Die Wartezeit vor der nächsten Runde können Sie prima nutzen, um Ihren Teampartner so richtig munter zu machen. Nehmen Sie sein Lieblingsspielzeug mit und werfen Sie es ein paar Mal, bauen Sie ein kleines Zerrspiel ein – und variieren Sie die kleine Spielrunde immer wieder! Das erzeugt höchste Spannung beim Hund und mobilisiert seine Aufmerksamkeit.

3 **Fünf-Sterne-Belohnung:** Wenn Ihr Vierbeiner weiß, dass Sie für die Spielzeit mit ihm immer ganz besondere Leckerlis dabeihaben, wird er garantiert begeisterter bei der Sache sein, als wenn »nur« das übliche Trockenfutter dabei herausspringt. Bestimmt wissen Sie, worauf Ihr Hund ganz besonders steht, z. B. Käsehäppchen oder getrockneten Pansen, Lunge oder Fleisch. Oder versuchen Sie sich doch mal als »Sterne-Koch«: zum Beispiel mit einem festen Pfannkuchen mit durch den Fleischwolf gedrehter Leber oder Pansen. Den kann man prima in kleine Stücke schneiden.

4 **ner bei der Sache:** Wenn Sie Ihren Hund zum Beispiel auf die Futterbeutel-Suche schicken (→ Seite 36) und sich – während er das Feld absuchen soll – angeregt mit einem anderen Hundebesitzer unterhalten, spürt Ihr Hund, dass Sie nicht »bei ihm« sind. Das ist nicht motivierend! Bleiben Sie mit Ihrer Aufmerksamkeit immer bei der gemeinsamen Tätigkeit. Dann erkennen Sie rechtzeitig, wann die Stimmung Ihres Vierbeiners auf dem Spaßbarometer sinkt. Je nach Dauer der Spielrunde beenden Sie sie dann mit einem kleinen Erfolgserlebnis oder legen ein Motivationsspiel ein.

5 **Für Spannung sorgen:** Hunde reagieren instinktiv auf Bewegung. Nutzen Sie das, indem Sie sich für Ihren Vierbeiner interessant machen. Soll er etwas zu Ihnen zurückbringen, trennt sich aber nur schwer von seiner Beute, gehen Sie rückwärts, während Sie ihn zu sich rufen. Hüpfen Sie hin und her oder laufen Sie ein Stück von ihm weg. Wollen Sie seine Aufmerksamkeit auf einen bestimmten Gegenstand lenken, nehmen Sie diesen in die Hand, beschäftigen Sie sich freudig damit und schon ist das Objekt auch für den Hund begehrenswert.

6 **Aufhören, wenn's am schönsten ist:** Zu viele Wiederholungen sind ein echter Motivationskiller. Beenden Sie eine Übung oder einen Spielschritt so rechtzeitig, dass bei Ihrem vierbeinigen Teampartner gar nicht erst Unlust aufkommen kann. Lieber öfter mal kurz mit viel Spaß trainieren bringt mehr als lange Lektionen, die Ihren Hund überfordern.

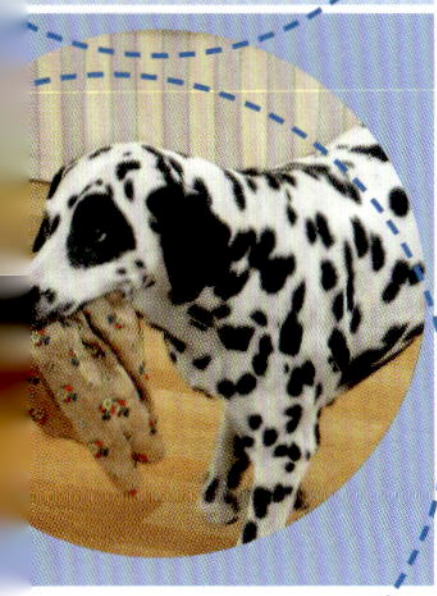

Spiel	Sie brauchen	Alter des Hundes	Was gefördert wird	Spielzeiten
Karton und Kissenberg → Seite 19 ff.	Leckerlis, Karton, Zeitungspapier, mehrere (Sofa-)Kissen.	Ideal schon für die Kleinsten: Karton-Suche ab 10 bis12 Wochen, Kissenberg ab 12 bis 14 Wochen.	Geschick und Ausdauer. Wer »Sitz«/»Platz« beherrscht, sollte in dieser Position den Start abwarten.	Ein, zwei Spielrunden pro Tag. Die Kleinsten nicht länger als 5 bis 10 Sekunden suchen lassen. Geübte max. eine Minute.
Die Handtuch-Rolle → Seite 22/23	Leckerlis, ein ausrangiertes Handtuch.	Ab 4 Monate mit einfachem Spielaufbau. Auch für Senioren/kranke Hunde gut machbar.	Mit Geduld und Geschicklichkeit soll der Hund die Handtuch-Rolle aufwickeln und die Leckerlis finden.	Nicht öfter als 2-mal hintereinander, 2- bis 3-mal pro Woche. Spieldauer und Spielaufbau dem Alter des Hundes anpassen.
Die Futterflasche → Seite 24/25	Stabile Plastikflasche, Stoffwürfel, Snackball, Futterflasche mit Tau (Zoofachhandel), Leckerlis.	Ab 4 Monate Plastikflasche/ Stoffwürfel. Ab 4 bis 5 Monate Snackball; Futterflasche mit Tau ab 9 Mon.	Hier geht es um Geschicklichkeit und Ausdauer. Nur so kommt der Hund an die Futterbelohnung.	Nicht täglich und nicht öfter als eine Runde pro Tag, dann bleibt das Spiel spannend. Junge Hunde nur ein paar Minuten fordern.
Der Leckerli-Loop → Seite 26/27	Trockenfutterbrocken oder Käsewürfel, die nicht zu leicht sind.	Je nach Reife des Hundes sollte er 6 bis 9 Mon. alt sein, bevor Sie diese Übung mit ihm aufbauen.	Der Hund braucht hier viel Geschick. Disziplin ist gefragt, um nicht vorher schon zu »naschen« ...	Zwei, drei Minuten Training am Stück sind genug. Das fertige Spiel nicht öfter als 2-, 3-mal abrufen, und auch nicht jeden Tag.
Schatzsuche drinnen → Seite 29 ff.	Einen Gegenstand zum Verstecken (Spielzeug, Tuch), evtl. Leine/Brustgeschirr, Leckerlis.	Ab 4 Monate; je nach Alter Schwierigkeitsgrad steigern. Ideal auch für Senioren.	Der Hund lernt, sich beim Suchen zu konzentrieren und den Gegenstand abzugeben.	Junghunde brauchen in 5 bis 10 Sekunden einen Erfolg. Für »Geübte« Suche erschweren. 1- bis 2-mal pro Woche.

	Spiel	Sie brauchen	Alter des Hundes	Was gefördert wird	Spielzeiten
	**Schatzsuche draußen** → Seite 32/33	Einige Gegenstände (z. B. Mütze, Schal, Handschuh), evtl. Clicker (→ Seite 58/96), Leckerlis.	Ab 6 bis 9 Monate können Sie dieses kleine Suchspiel mit Ihrem Vierbeiner trainieren.	Das Spiel erfordert viel Aufmerksamkeit vom Hund. Seine Konzentration auf Sie wird erhöht.	Gelegentlich unterwegs in den Spaziergang einbauen. Lassen Sie dem Hund die nötige Zeit und Ruhe, die »Schätze« zu finden.
	**Das Apportieren** → Seite 34/35	Ein Spielzeug oder einen Ball zum Werfen, Leckerlis.	Ihr Hund sollte etwa ein halbes Jahr alt sein, bevor Sie das Apportieren mit ihm üben.	Es werden Disziplin und Konzentration (Abwarten, Beobachten, Gegenstand abgeben) geschult.	Ein bis zwei Spieldurchgänge genügen. Am besten nicht täglich. Schwierigkeitsgrad langsam erhöhen.
	**Die Futterbeutel-Suche** → Seite 36/37	Leine (oder Schleppleine), Brustgeschirr, Futterbeutel (oder auch kleine Tasche), Leckerlis.	Ab etwa einem halben Jahr. Die Futterbeutel-Suche kann man sehr gut ausbauen.	Der Hund muss seine Nase einsetzen. Disziplin ist nötig, denn der Beutel soll bei Ihnen abgegeben werden.	Anfangs ein schnelles Erfolgserlebnis nach zwei, drei Minuten. Ein bis zwei Spieldurchgänge, 3- bis 4-mal pro Woche.
	**Das Dufttuch** → Seite 38/39	Stofftuch, Dufttücher (z. B. aus Papier), Düfte wie Haushaltsöle, Honig oder Milch, eventuell Gläser.	Je nach Reife des Hundes ab einem $^3/_4$ bis einem Jahr beginnen, dieses Spiel aufzubauen.	Der Geruchssinn und die Fähigkeit, zwei Aufgaben miteinander zu kombinieren (riechen/ Duftstoff anzeigen).	Mit Duftstoff vertraut machen (1 bis 2 Minuten). Erst 2- bis 3-mal, später 1- bis 2-mal pro Woche üben, nicht mehr als 2-mal hintereinander.
	**Verloren und bringen** → Seite 40/41	Anfangs die Leine, einen Gegenstand, der Ihnen gehört, und Leckerlis.	Ab einem halben bis $^3/_4$ Jahr können Sie mit einem einfachen Spielaufbau beginnen.	Ihr Hund lernt, auf Sie zu achten und selbstständig einen Gegenstand anzuzeigen.	Spielaufbau über ein paar Tage ein paar Minuten üben; nicht öfter als 2-, 3-mal hintereinander, 2- bis 3-mal pro Woche.

Spiel	Das brauchen Sie	Alter des Hundes	Was gefördert wird	Spielzeiten
Die Schnüffelspur → Seite 42/43	Brustgeschirr, Leine, zwei Gegenstände als Start- und Schlusskennzeichnung der Spur, Belohnung.	Für dieses anspruchsvollere Spiel sollte Ihr Hund etwa ein Jahr alt sein (evtl. auch etwas jünger).	Hier lernt der Hund, eine Geruchsspur aufzunehmen und ihr konzentriert und selbstständig zu folgen.	Für die Fährtenarbeit ist Geduld nötig, damit der Hund in Ruhe suchen kann. Für »Anfänger« nur kurze Spuren legen.
Auf zur Personensuche → Seite 44/45	Brustgeschirr, Leine, eine weitere Person, einen Gegenstand der Person; Klammern, Belohnung.	Er sollte etwa ein Jahr sein, bevor Sie ihn an diese anspruchsvolle Aufgabe heranführen.	Geruchssinn, Konzentrationsfähigkeit und Selbstständigkeit des Hundes.	Die Suche des Hundes dauert – je nach Schwierigkeitsgrad – ein paar Minuten. Kalkulieren Sie insgesamt rund 10 bis 20 Minuten ein.
Hindernis umrunden → Seite 47 ff.	Leine (für Anfänger), Hindernisse zum Umrunden, Leckerlis.	Ab 5 bis 6 Monate lernt der Hund, kleine Hindernisse zu umrunden.	Das Umrunden eines Hindernisses und zu Ihnen zurückzukehren, erfordert Konzentration.	Auch wenn es gut läuft, nicht zu oft wiederholen (1- bis 3-mal hintereinander). Lässt sich gut auf jedem Spaziergang einbauen.
Slalom durch die Beine → Seite 50/51	Passende Kleidung (z. B. kein Rock, Kleid oder einen langen Mantel), mehrere Leckerlis.	Ab 12. bis 14. Woche. Auch Senioren erlernen den Slalom durch die Beine meist schnell.	Geschicklichkeit und eine gute Teamarbeit zwischen Ihnen und Ihrem Hund.	Für einen jungen Hund genügen anfangs zwei Schritte, dann drei; nur langsam steigern. Nicht öfter als 1-, 2-mal hintereinander.
Das Hunderennen → Seite 52/53	Ein Mitspieler mit Hund. Beide Hunde sollten sich kennen und gut verstehen; Leckerlis.	Ab einem $^3/_4$ bis einem Jahr können Sie Ihren Hund an das »Rennen« heranführen.	Geduld und Konzentrationsfähigkeit des Hundes.	Nur ein paar Minuten, um die Geduld des Hundes nicht zu sehr zu strapazieren. Ein oder zwei Durchgänge genügen.

Spiel	Das brauchen Sie	Alter des Hundes	Was gefördert wird	Spielzeiten
»Bergsteigen« leicht gemacht → Seite 54/55	Eine kleine Böschung, Leckerlis.	Ab einem $^1/_2$ Jahr flache Hügel, ab einem Jahr höhere Böschungen (Gelenkbelastungen!).	Die Konzentration. Der Hund lernt, Ihren Richtungsanweisungen zu folgen und Signale auszuführen.	1- bis 2-mal hintereinander genügt. Anfangs 2- bis 3-mal pro Woche, später unregelmäßig.
Durch den Reifen springen → Seite 56/57	Einen kleinen, mittel- oder normalgroßen Hula-Hoop-Reifen, Leckerlis.	Ab 4 bis 12 Monate. Bei jüngeren, gelenkkranken, alten Hunden Reifen nur ca. 5 cm hoch halten.	Koordination und Geschicklichkeit sind gefragt (und auch ein wenig Mut).	Höchstens 2-, 3-mal hintereinander springen lassen. Im Trainingsaufbau nur ein, zwei Minuten üben, 1- bis 2-mal pro Woche.
Das »Baumtouch« → Seite 58/59	Ein Hindernis zum Berühren (Baum, Zimmerwand), Leckerlis; Clicker und Target Stick (→ Seite 58/96).	Ab einem $^1/_2$ bis $^3/_4$ Jahr können Sie dieses Spiel mit Ihrem Hund aufbauen.	Konzentration. Der Hund lernt, Ihrer Richtungsanweisung zu folgen und dort eine Handlung auszuführen.	Mit Clicker und Target ein bis zwei Minuten. Übungssequenzen nicht alle hintereinander, sondern einzeln üben.
Das High Five → Seite 61 ff.	Einen rutschfesten Untergrund, sodass der Hund sicher sitzen kann, Leckerlis.	Schon ab 4 bis 5 Monaten kann der Hund dieses lustige Kunststück üben.	Vor allem Geschicklichkeit. Ihr Hund lernt, seine Pfoten exakt auf Ihre Hände zu legen.	Der schrittweise Aufbau kann durchaus einige Tage dauern. Pro Trainingseinheit nicht öfter als 2-, 3-mal hintereinander üben.
Die Rolle → Seite 64/65	Einen weichen Untergrund für die Rollbewegung des Hundes, Leckerlis.	Ab einem $^3/_4$ bis einem Jahr (der Magen muss beim Üben leer sein → Seite 64).	Mit Geschicklichkeit absolviert der Vierbeiner eine seitliche Rolle.	Übung Schritt für Schritt aufbauen. Sequenzen nur 2-, 3-mal hintereinander. Übung nicht täglich abrufen.

Spiel	Das brauchen Sie	Alter des Hundes	Was gefördert wird	Spielzeiten
 **Sprung durch die Arme** → Seite 66/67	Einen weichen Boden, weil der Hund springt; Leckerlis.	Ab 12 Monate. Nichts für Hunde mit Gelenkschäden oder Senioren.	Gute Fitnessübung. Ihr Hund lernt, einen geschickten Sprung durch Ihre Arme zu absolvieren.	Die » fertige« Übung dauert einige Tage, je nachdem, wie oft Sie trainieren. Nicht mehr als 2-, 3-mal hintereinander springen lassen.
 **Sprung auf den Rücken** → Seite 68/69	Weichen Boden, eine zweite Person, evtl. Clicker und Target Stick (→ Seite 58/96), Leckerlis.	Ab 12 Monate, damit seine Gelenke nicht vorzeitig belastet werden.	Der Hund lernt, seine Sprungbewegung so zu koordinieren, dass er sicher auf Ihrem Rücken landet.	Erst eine Sequenz üben, bis sie sicher funktioniert, nicht öfter als 2-, 3-mal hintereinander. Ein paar Minuten üben am Tag sind genug.
 **Rückwärts gehen** → Seite 70/71	Leckerlis zur Belohnung, Clicker (→ Seite 58/96), evtl. eine Leine (anfangs).	Ab einem $^{3}/_{4}$ bis einem Jahr können Sie beginnen, das Rückwärtsgehen mit Ihrem Hund zu üben.	Koordination und Konzentration. Wichtig: Der Hund soll gerade rückwärts gehen.	Langsamer Übungsaufbau. Anfangs ein Schritt rückwärts, 1- oder 2-mal hintereinander, dann zwei, etc. Pro Woche ein Schritt mehr.
 **»Twist« oder sich drehen** → Seite 72/73	Evtl. einen Clicker und Target Stick (→ Seite 58/96), Leckerlis.	Ab einem $^{1}/_{2}$ bis $^{3}/_{4}$ Jahr können Sie Ihrem Hund diese Übung beibringen.	Aufmerksamkeit und Koordination, außerdem Konzentration auf einen ruhigen Bewegungsablauf.	Nicht länger als 20 Sekunden die einzelnen Sequenzen am Stück üben. Bis zur fertigen Drehung können einige Trainingstage vergehen.
 **Sprung durch die Beine** → Seite 74/75	Weichen Untergrund, Leckerlis (oder Spielzeug), evtl. Clicker und Target Stick (→ Seite 58/96).	Ab einem Alter von $^{3}/_{4}$ bis einem Jahr. Erst dann mit dem Sprungtraining beginnen.	Koordination und Aufmerksamkeit, wenn Ihr Vierbeiner auf Ihr Signal hin springt.	Nicht öfter als 2-, 3-mal eine halbe bis eine Minute üben. Die fertige Übung maximal 2-, 3-mal abrufen.

Tipps zur **Hundefotografie**

Jeder Hundebesitzer freut sich über Fotos, die seinen Hund in voller Action zeigen. Leider sind diese Fotos am schwierigsten, aber mit ein paar Tricks kommt jeder zu besseren Aufnahmen.
Schätzen Sie mal, wie viele Fotos für dieses Buch produziert wurden. Tausend – zweitausend – fünftausend? Falsch: Etwa 10000-mal habe ich auf den Auslöser gedrückt. Denn dieses Buch ist Action pur. Sitzende oder liegende Hunde finden Sie nur, wenn dies ein Teil der Übung war. Dann genügte es, zweimal auf den Auslöser zu drücken, und das Foto war im Kasten. Danach ging's wieder rund – und jeder Hundebesitzer weiß, was dies fürs Fotografieren bedeutet: Hund abgeschnitten, unscharf, von hinten, zu dunkel, zu hell – oder aber, alle Einstellungen passen, nur der Hund macht etwas völlig anderes beziehungsweise gar nichts. Dann kommt eines der Dinge ins Spiel, auf die kein Hundefotograf verzichten kann: Leckerlis. Je anspruchsvoller die Aufgaben waren, desto exquisiter wurden die Leckerlis. Die Belohnungen gingen von selbst gemachten Leberpfannkuchen über kleine getrocknete Fischchen bis hin zu ganzen Gourmetschälchen. Aber ohne die tatkräftige Unterstützung des Hundehalters würde dennoch alles doppelt so lange dauern. Deshalb unterhalte ich mich – auch unter Zeitdruck – zunächst einmal ausführlich mit dem Hundebesitzer, um ihn für mich zu gewinnen.

Freud und Leid eines Tierfotografen

Aber dann möchte ich endlich fotografieren, schließlich kann unter anderem das Wetter schlecht werden, die Sonne zu hoch stehen oder die Hitze bald unerträglich sein ...
Im Hochsommer beginne ich so früh wie möglich zu fotografieren, denn morgens (oder ab dem späten Nachmittag) ist das Licht am besten: Die Sonne scheint noch nicht so kräftig, wodurch das Licht weicher ist. Außerdem habe ich bei geringeren Temperaturen nicht ständig Hunde mit weit heraushängender Zunge vor mir.
Letzter wichtiger Punkt vor dem eigentlichen Fotografieren ist die richtige Umgebung. Maschendrahtzäune, Hochspannungsleitungen und Häusermauern im Hintergrund können ein schönes Foto kaputt machen, also lieber ein paar Meter weitergehen und dann starten. Und zwar kniend oder liegend! Ein Tierfotograf sollte im wahrsten Sinne des Wortes auf Augenhöhe mit seinem Motiv sein. Denn wenn Sie Ihren Hund von oben herab fotografieren, stimmen die Proportionen Ihres vierbeinigen Lieblings nicht. Bei unseren Spielefotos mit kleinen Hunden verbrachte ich daher die meiste Zeit auf dem Boden robbend.
Nun können Sie mit einer Automatik-Einstellung einfach los fotografieren, und Sie werden sicherlich

	Spiel	Das brauchen Sie	Alter des Hundes	Was gefördert wird	Spielzeiten
	**Sprung durch die Arme** → Seite 66/67	Einen weichen Boden, weil der Hund springt; Leckerlis.	Ab 12 Monate. Nichts für Hunde mit Gelenkschäden oder Senioren.	Gute Fitnessübung. Ihr Hund lernt, einen geschickten Sprung durch Ihre Arme zu absolvieren.	Die » fertige« Übung dauert einige Tage, je nachdem, wie oft Sie trainieren. Nicht mehr als 2-, 3-mal hintereinander springen lassen.
	**Sprung auf den Rücken** → Seite 68/69	Weichen Boden, eine zweite Person, evtl. Clicker und Target Stick (→ Seite 58/96), Leckerlis.	Ab 12 Monate, damit seine Gelenke nicht vorzeitig belastet werden.	Der Hund lernt, seine Sprungbewegung so zu koordinieren, dass er sicher auf Ihrem Rücken landet.	Erst eine Sequenz üben, bis sie sicher funktioniert, nicht öfter als 2-, 3-mal hintereinander. Ein paar Minuten üben am Tag sind genug.
	**Rückwärts gehen** → Seite 70/71	Leckerlis zur Belohnung, Clicker (→ Seite 58/96), evtl. eine Leine (anfangs).	Ab einem $^3/_4$ bis einem Jahr können Sie beginnen, das Rückwärtsgehen mit Ihrem Hund zu üben.	Koordination und Konzentration. Wichtig: Der Hund soll gerade rückwärts gehen.	Langsamer Übungsaufbau. Anfangs ein Schritt rückwärts, 1- oder 2-mal hintereinander, dann zwei, etc. Pro Woche ein Schritt mehr.
	**»Twist« oder sich drehen** → Seite 72/73	Evtl. einen Clicker und Target Stick (→ Seite 58/96), Leckerlis.	Ab einem $^1/_2$ bis $^3/_4$ Jahr können Sie Ihrem Hund diese Übung beibringen.	Aufmerksamkeit und Koordination, außerdem Konzentration auf einen ruhigen Bewegungsablauf.	Nicht länger als 20 Sekunden die einzelnen Sequenzen am Stück üben. Bis zur fertigen Drehung können einige Trainingstage vergehen.
	**Sprung durch die Beine** → Seite 74/75	Weichen Untergrund, Leckerlis (oder Spielzeug), evtl. Clicker und Target Stick (→ Seite 58/96).	Ab einem Alter von $^3/_4$ bis einem Jahr. Erst dann mit dem Sprungtraining beginnen.	Koordination und Aufmerksamkeit, wenn Ihr Vierbeiner auf Ihr Signal hin springt.	Nicht öfter als 2-, 3-mal eine halbe bis eine Minute üben. Die fertige Übung maximal 2-, 3-mal abrufen.

	Spiel	Das brauchen Sie	Alter des Hundes	Was gefördert wird	Spielzeiten
	**Spielzeug aufräumen** → Seite 76/77	Ein Spielzeug, Korb oder kleine Kiste, Clicker (→ Seite 58/96), Leckerlis.	Ab einem $^{3}/_{4}$ bis einem Jahr ist Ihr Hund in der Lage, eine Handlungskette zu formen.	Selbstständiges Arbeiten und Kombinationsgabe.	Pro Sequenz etwa zwei bis drei Minuten üben. Nicht öfter als 3-mal hintereinander. Die fertige Übung kann mehrere Wochen dauern.
	**Kappe vom Kopf holen** → Seite 78/79	Eine Kappe mit »Schirm«, Clicker (→ Seite 58/96), Leckerlis	Mit einem $^{1}/_{2}$ bis $^{3}/_{4}$ Jahr können Sie dieses Kunststück mit Ihrem Vierbeiner trainieren.	Koordination und selbstständiges Vorgehen, denn der Hund soll Ihnen die Kappe vom Kopf ziehen.	Schritt für Schritt, ein, zwei Minuten, 2-mal hintereinander. Wer täglich 2-mal übt, kann das Kunststück in ein bis zwei Wochen lernen.
	**Die perfekte Verbeugung** → Seite 80/81	Evtl. einen Clikker oder einen Target Stick (→ Seite 58/96), Leckerlis.	Ab etwa vier Monaten ist Ihr Hund so weit, dass er sich auf diese Übung konzentrieren kann.	Koordination und Aufmerksamkeit in dieser Haltung zu bleiben, bis die Übung wieder aufgelöst wird.	Schrittweise aufbauen, nicht öfter als 2-, 3-mal hintereinander, eine halbe bis eine Minute. Ein bis zwei tägliche Trainingseinheiten.
	**Das Becher-Spiel** → Seite 83 ff.	Mindestens zwei Becher, Leckerlis.	Für diese knifflige Denkaufgabe sollte Ihr Hund ein $^{3}/_{4}$ bis ein Jahr alt sein.	Dem Hund wird sehr viel Konzentration dabei abverlangt, ganz genau auf Ihre Handlungen zu achten.	Üben Sie anfangs nur mit einem Becher, erst dann den Aufbau mit zwei (oder mehr) Bechern. 1- bis 2-mal pro Durchgang.
	**Folge meinem Blick** → Seite 86/87	Leckerlis.	Für diese Aufgabe sollte Ihr Hund mindestens vier bis fünf Monate alt sein.	Die Konzentrationsfähigkeit Ihres Hundes wird gesteigert.	Anfangs ein bis zwei Minuten. Üben Sie nicht öfter als 2-, 3-mal hintereinander, 1-, 2-mal am Tag, jedoch nicht täglich.

	Spiel	Das brauchen Sie	Alter des Hundes	Was gefördert wird	Spielzeiten
	**Finde das Richtige** → Seite 88/89	Einige Spielzeuge Ihres Hundes, die er namentlich kennt; evtl. einen Clicker (→ Seite 58/96).	Schon mit einem $^{1}/_{2}$ oder $^{3}/_{4}$ Jahr können Sie mit Ihrem Vierbeiner zu üben beginnen.	Fördert die Kombinationsgabe und die Fähigkeit, sich auf Ihre jeweilige Ansage zu konzentrieren.	Täglich eine kleine Übungseinheit einbauen. Das fertige Spiel 1- bis maximal 3-mal hintereinander.
	**Ein Spiel für Tüftler** → Seite 90/91	Ein Holzspielzeug (»Intelligenzspielzeug« im Zoofachhandel), Clicker (→ Seite 58/96), Leckerlis.	Ab etwa sechs Monaten.	Genaues Beobachten, Kombinationsgabe, Konzentration und Geschicklichkeit.	2- bis 3-mal hintereinander. Nicht zu oft spielen, damit das Spiel reizvoll bleibt.
	**Gehe zu ...** → Seite 92/93	Mehrere Personen, die Ihr Hund namentlich kennt; Leckerlis.	Für die »Erkennungsarbeit« sollte Ihr Hund etwa ein $^{3}/_{4}$ bis ein Jahr alt sein.	Die Konzentrationsfähigkeit und das Gedächtnis.	Anfangs eine halbe bis eine Minute üben, etwa 1-, 2-mal am Tag. Nicht mehr als ein, zwei Runden hintereinander.
	**Zieh heraus** → Seite 94/95	Einen Futterbeutel (Täschchen) mit Leckerlis; dickere Schnur, einen tiefen Tisch, Kommode oder Ähnliches.	Mit einem $^{1}/_{2}$ bis $^{3}/_{4}$ Jahr können Sie dieses kleine Kombinationsspiel trainieren.	Konzentration, Geschicklichkeit und Kombinieren sind hier gefordert.	Schwierigkeitsgrad langsam steigern. Nicht öfter als 2-, 3-mal hintereinander. Nicht täglich.

Tipps zur **Hundefotografie**

Jeder Hundebesitzer freut sich über Fotos, die seinen Hund in voller Action zeigen. Leider sind diese Fotos am schwierigsten, aber mit ein paar Tricks kommt jeder zu besseren Aufnahmen.
Schätzen Sie mal, wie viele Fotos für dieses Buch produziert wurden. Tausend – zweitausend – fünftausend? Falsch: Etwa 10000-mal habe ich auf den Auslöser gedrückt. Denn dieses Buch ist Action pur. Sitzende oder liegende Hunde finden Sie nur, wenn dies ein Teil der Übung war. Dann genügte es, zweimal auf den Auslöser zu drücken, und das Foto war im Kasten. Danach ging's wieder rund – und jeder Hundebesitzer weiß, was dies fürs Fotografieren bedeutet: Hund abgeschnitten, unscharf, von hinten, zu dunkel, zu hell – oder aber, alle Einstellungen passen, nur der Hund macht etwas völlig anderes beziehungsweise gar nichts. Dann kommt eines der Dinge ins Spiel, auf die kein Hundefotograf verzichten kann: Leckerlis. Je anspruchsvoller die Aufgaben waren, desto exquisiter wurden die Leckerlis. Die Belohnungen gingen von selbst gemachten Leberpfannkuchen über kleine getrocknete Fischchen bis hin zu ganzen Gourmetschälchen. Aber ohne die tatkräftige Unterstützung des Hundehalters würde dennoch alles doppelt so lange dauern. Deshalb unterhalte ich mich – auch unter Zeitdruck – zunächst einmal ausführlich mit dem Hundebesitzer, um ihn für mich zu gewinnen.

Freud und Leid eines Tierfotografen

Aber dann möchte ich endlich fotografieren, schließlich kann unter anderem das Wetter schlecht werden, die Sonne zu hoch stehen oder die Hitze bald unerträglich sein ...
Im Hochsommer beginne ich so früh wie möglich zu fotografieren, denn morgens (oder ab dem späten Nachmittag) ist das Licht am besten: Die Sonne scheint noch nicht so kräftig, wodurch das Licht weicher ist. Außerdem habe ich bei geringeren Temperaturen nicht ständig Hunde mit weit heraushängender Zunge vor mir.
Letzter wichtiger Punkt vor dem eigentlichen Fotografieren ist die richtige Umgebung. Maschendrahtzäune, Hochspannungsleitungen und Häusermauern im Hintergrund können ein schönes Foto kaputt machen, also lieber ein paar Meter weitergehen und dann starten. Und zwar kniend oder liegend! Ein Tierfotograf sollte im wahrsten Sinne des Wortes auf Augenhöhe mit seinem Motiv sein. Denn wenn Sie Ihren Hund von oben herab fotografieren, stimmen die Proportionen Ihres vierbeinigen Lieblings nicht. Bei unseren Spielefotos mit kleinen Hunden verbrachte ich daher die meiste Zeit auf dem Boden robbend.
Nun können Sie mit einer Automatik-Einstellung einfach los fotografieren, und Sie werden sicherlich

1. Ein harter Job: Auch Hundemodels haben's nicht leicht. Sioux muss zig-mal lossprinten, bevor das Foto endlich im Kasten ist. Doch immerhin wird die Gage sofort ausgezahlt – in Form von Leckerlis.

2. Achtung! Schuss!: Nach einer fröhlichen Spielpause mit Herrchen ist Sioux wieder motiviert. Er hechtet über die Hürde, und ich drücke den Auslöser. Habe ich diesmal ein tolles Bild im Kasten?

3. Hürde genommen: Sioux hat die Hürde übersprungen und ich habe die verschiedenen Sprungphasen fotografiert. Jetzt sind wir beide geschafft. Sioux ist zufrieden und mir tut der Rücken weh ...

den einen oder anderen gelungenen Schnappschuss erhalten. Bei Actionfotografie ist jedoch das Verständnis von Zeit und Blende, verbunden mit einer schnell auslösenden Kamera, unabdingbar.

Zum Fotobeispiel: Bei einem springenden Hund ist eine 2000stel Sekunde notwendig, um den »heranfliegenden« Hund scharf abzubilden. Etwa 50-mal sprintete Sioux los, zehnmal lief er allerdings an der Hürde vorbei, 15-mal sprang er nicht über die exakt vorgesehene Position, zwölf Bilder waren unscharf und auf acht Fotos schaute er komisch oder hatte die Frisbee-Scheibe verkehrt herum im Maul. Blieben also gerade mal fünf Fotos, von denen mir nur zwei richtig gefielen.

Deshalb gilt in Zeiten der Digitalfotografie: Lieber erst einmal ein paar Fotos mehr machen, dann ordentlich aussortieren, und sich am Schluss über die hoffentlich gelungene Ausbeute freuen.

Register

Halbfette Seitenzahlen verweisen auf Fotos.
U1 = Umschlag vorne, **U4** = Umschlag hinten

A

B

C

D

E

F

G

H

I/J

K

T

U

V

W

Z

Adressen, die weiterhelfen

Verbände und Vereine

Fédération Cynologique Internationale (FCI),
Place Albert 1er, 13, B-6530 Thuin, www.fci.be

Verband für das deutsche Hundewesen e. V. (VDH),
Westfalenfamm 1754, 444141 Dortmund. www.vdh.de

Österreichischer Kynologenverband (ÖKV),
Siegfried Marcus-Str. 7, A-2362 Biedermannsdorf, www.oekv.at

Schweizerische Kynologische Gesellschaft (SKG/SCS),
Brunnmattstrasse 24, CH-3007 Bern, www.skg.ch

Deutscher Tierschutzbund e. V.,
Baumschulallee 15, 53115 Bonn, www.tierschutzbund.de

Österreichischer Tierschutzverein,
Berlagasse 36, A-1210 Wien, Tel. 0043/1/897 33 46, www.tierschutzverein.at

Schweizer Tierschutz (STS),
Dornacherstr. 101, CH-4008 Basel, www.tierschutz.com, Beratungsstelle Tel. 0041/61/3659999

Deutscher Hundesportverband e. V.,
Nordstr. 14a, 06886 Lu-Wittenberg, www.dhv-hundesport.de

Berufsverband der Hunderzieher/innen und Verhaltensberater/innen e. V. (BHV),
Auf der Lind 3, 65529 Waldems-Esch, www.bhv-net.de

Forschungskreis Heimtiere in der Gesellschaft,
Postfach 11 07 28, 28087 Bremen, www.mensch-heimtier.de, info@mensch-heimtier.de

Industrieverband Heimtierbedarf (IVH) e. V.,
Emanuel-Leutze-Str. 1b, 40547 Düsseldorf, www.ivh-online.de

Urlaubs-Beratungsservice des Deutschen Tierschutzbundes,
Tel.: 0228/604 96 27, Mo-Do 10-18 Uhr, Fr 10-16 Uhr

Hundeschule

Lucky Dogs – DIE Hundeschule
Anja Mack, St. Emmeram, 81925 München-Oberföhring, Tel. 0177/8972412, www.hundeschule-lucky-dogs.de

Fragen zur Hundehaltung

Beantworten Ihr Zoofachhändler und der Zentralverband Zoologischer Fachbetriebe Deutschlands e. V. (ZZF), Tel.: 0611/44755332 (nur telefonische Auskunft möglich: Mo 12-16 Uhr, Do 8-12 Uhr), www.zzf.de

Hafpflichtversicherung

Fast alle Versicherungen bieten auch Hunde-Haftpflichtversicherungen an. Informieren Sie sich bei Ihrer Versicherung.

Krankenversicherung

Uelzener Versicherungen,
PF 2163, 29511 Uelzen, www.uelzener.de

Puntobiz GmbH,
Vogelsanger Weg 14, 50354 Hürth, www.tierversicherung.biz

AGILA Haustierversicherung AG,
Breite Str. 6-8, 30159 Hannover, www.agila.de

Allianz,
Königinstraße 28, 80802 München, www.katzeundhund.allianz.de

Registrierung von Hunden

Deutsches Haustierregister,
Deutscher Tierschutzbund e. V., Baumschulallee 15, 53115 Bonn, www.registrier-dein-tier.de

TASSO e. V.,
Abt. Haustierzentralregister, 65784 Hattersheim, Tel. 06190/937300, www.tasso.net, info@tasso.net

Internationale Zentrale Tierregistrierung (IFTA),
Nördliche Ringstr.10, 91126 Schwabach, Tel. 00800/ 43820000 (kostenlos), www.tierregistrierung.de

Adressen im Internet

www.hunde.com
Infos rund um den Hund, Diskussionsforum

www.hundeadressen.de
Infos zu Sport, Erziehung, Ausbildung, Züchteradressen

www.hundewelt.de
Alles Wissenswerte über Rassehunde und mit wichtigen Adressen

www.spass-mit-hund.de
Mit vielen Ideen rund um Spiele und Beschäftigung

www.hallohund.de
Hundemagazin mit Themen rund um den Hund

www.ferien-mit-hund.de
Viele Adressen von Hotels, Ferienhäusern und Ferienwohnungen für den Urlaub mit Hund

www.tierklinik.de
Informationsportal zur Tiermedizin, mit Ratgeber, Notdienst- und Spezialistensuche

Bücher, die weiterhelfen

Bloch, Günther/Radinger, Elli H.: **Wölfisch für Hundehalter.** Franckh-Kosmos Verlag, Stuttgart

Bloch, Günther/Radinger, Elli H.: **Affe trifft Wolf. Dominieren statt Kooperieren? Die Mensch-Hund-Beziehung.** Franckh-Kosmos Verlag, Stuttgart

Eilert-Overbeck, Brigitte: **Hundespiele – pfiffig, spaßig, spannend.** Gräefe und Unzer Verlag, München

Feddersen-Petersen, Dorit U.: **Ausdrucksverhalten beim Hund.** Franckh-Kosmos Verlag, Stuttgart

Feddersen-Petersen, Dorit U.: **Hundepsychologie.** Franckh-Kosmos Verlag, Stuttgart

Hegewald-Kawich, Horst: **Hunderassen von A bis Z.** Gräfe und Unzer Verlag, München

Krüger, Anne: **Besser kommunizieren mit dem Hund.** Gräfe und Unzer Verlag, München

Ludwig, Gerd: **Hunde-Spiele-Box.** Gräfe und Unzer Verlag, München

Ruge, Nina/Bloch, Günther: **Was fühlt mein Hund? Was denkt mein Hund?** Gräfe und Unzer Verlag, München

Schlegl-Kofler, Katharina: **Welpenerziehung.** Gräfe und Unzer Verlag, München

Schlegl-Kofler, Katharina: **Trickkiste Hundeerziehung.** Gräfe und Unzer Verlag, München

Schlegl-Kofler, Katharina: **Mit dem Hund spielen und trainieren.** Gräfe und Unzer Verlag, München

Schlegl-Kofler, Katharina: **Hunde – Clickertraining.** Gräfe und Unzer Verlag, München

Schmidt-Röger, Heike: **Hunde. Das große Praxishandbuch.** Gräfe und Unzer Verlag, München

Stein, Petra: **Naturheilpraxis Hunde.** Gräfe und Unzer Verlag, München

Strodtbeck, Sophie/Borchert, Uwe: **Hilfe, mein Hund ist in der Pubertät.** Gräfe und Unzer Verlag, München

Taetz, Alexandra: **Welpen-Spiele-Box.** Gräfe und Unzer Verlag, München

Von der Leyen, Katharina: **Das Welpenbuch.** Gräfe und Unzer Verlag, München

Wienrich, Volker: **Das große Buch der Hundekrankheiten.** Müller Rüschlikon, Stuttgart

Winkler, Sabine: **Hunde-Clicker-Box.** Gräfe und Unzer Verlag, München

Zeitschriften

Der Hund.
Deutscher Bauernverlag GmbH, Berlin
www.derhund.de

Partner Hund.
Ein Herz für Tiere Media GmbH, Ismaning
www.partner-hund.de

Unser Rassehund.
Hrsg. Verband für das Deutsche Hundewesen e. V., Dortmund
www.unserrassehund.de

Dogs.
Gruner + Jahr, Hamburg
www.dogs-magazin.de

Wichtige Hinweise

Die Empfehlungen in diesem Ratgeber beziehen sich auf normal entwickelte, charakterlich einwandfreie Hunde. Wer einen erwachsenen Hund zu sich nimmt, muss sich bewusst sein, dass dieser bereits wesentliche Prägungen durch den Menschen erfahren hat. Er sollte den Hund besonders genau beobachten, auch in seinem Verhalten zum Menschen. Ist der Hund aus einem Tierheim, so kann dieses eventuell über die Herkunft des Hundes und seiner Eigenheiten Auskunft geben. Es gibt Hunde, die aufgrund schlechter Erfahrungen mit Menschen in ihrem Verhalten auffällig sind, vielleicht auch zum Beißen neigen. Diese Hunde sollten nur von erfahrenen Hundehaltern aufgenommen werden. Auch bei gut erzogenen und sorgfältig beaufsichtigten Hunden besteht die Möglichkeit, dass sie Schäden an fremdem Eigentum anrichten oder gar Unfälle verursachen. Ein ausreichender Versicherungsschutz ist in jedem Fall dringend zu empfehlen.

Die werden Sie auch lieben.

ISBN 978-3-7742-5771-9

ISBN 978-3-8338-3467-7

ISBN 978-3-8338-1171-5

ISBN 978-3-8338-3352-6

ISBN 978-3-8338-2874-4

ISBN 978-3-8338-2179-0

e Auch als eBook erhältlich.

Bildnachweis

Alle Fotos in diesem Buch stammen von **Thomas Brodmann** mit Ausnahme von:

animals-digital/Hagedorn: 106; **Getty Images:** U4; **Oliver Giel:** U1, U2, 5, U3; **Manfred Knaller:** 119-1, 119-2, 119-3;

Syndication:
www.jalag-syndication.de

Impressum

Projektleitung: Nadja Harzdorf, Anita Zellner
Lektorat: Gabriele Linke-Grün
Bildredaktion: Adriane Andreas, Nadja Harzdorf, Gabriele Linke-Grün, Petra Ender (Cover)
Umschlaggestaltung und Layout:
independent Medien-Design, Horst Moser, München
Herstellung: Susanne Mühldorfer
Satz und **Reproduktion:** Longo AG, Bozen
Druck und **Bindung:** Printer Trento, Trento

ISBN 978-3-8338-3682-4

1. Auflage 2014

QUALITÄTS G|U GARANTIE

Liebe Leserin, lieber Leser,

haben wir Ihre Erwartungen erfüllt? Sind Sie mit diesem Buch zufrieden? Haben Sie weitere Fragen zu diesem Thema? Wir freuen uns auf Ihre Rückmeldung, auf Lob, Kritik und Anregungen, damit wir für Sie immer besser werden können.

GRÄFE UND UNZER Verlag
Leserservice
Postfach 86 03 13
81630 München
E-Mail:
leserservice@graefe-und-unzer.de

Telefon: 00800 / 72 37 33 33*
Telefax: 00800 / 50 12 05 44*
Mo–Do: 8.00–18.00 Uhr
Fr: 8.00–16.00 Uhr
(gebührenfrei in D, A, CH)*

Ihr GRÄFE UND UNZER Verlag
Der erste Ratgeberverlag – seit 1722.

www.facebook.com/gu.verlag

GRÄFE UND UNZER

Ein Unternehmen der
GANSKE VERLAGSGRUPPE